现浇混凝土结构构造措施
施工指导

陈雪光 著

中国建筑工业出版社

图书在版编目（CIP）数据

现浇混凝土结构构造措施施工指导/陈雪光著．—北京：中国建筑工业出版社，2010
 ISBN 978-7-112-12071-0

Ⅰ.现… Ⅱ.陈… Ⅲ.混凝土结构-混凝土施工 Ⅳ.TU755

中国版本图书馆 CIP 数据核字（2010）第 076397 号

现浇混凝土结构构造措施施工指导
陈雪光 著

*

中国建筑工业出版社出版、发行（北京西郊百万庄）
各地新华书店、建筑书店经销
北京红光制版公司制版
北京云浩印刷有限责任公司印刷

*

开本：787×960 毫米 1/16 印张：13¾ 字数：330 千字
2010 年 6 月第一版 2010 年 6 月第一次印刷
定价：40.00 元
ISBN 978-7-112-12071-0
（19293）

版权所有 翻印必究
如有印装质量问题，可寄本社退换
（邮政编码 100037）

本书根据我国现行的规范、规程和标准，结合我国施工的习惯做法，采用文图并茂的形式，对当前施工中现浇混凝土结构常见构造问题进行描述，并给出处理措施。其后配以构造节点示意图以便于读者理解。

　本书可供土建施工技术人员参考，也可以作为结构设计工程师的参考资料，同时也能为结构工程师处理工程中的现场问题提供参考。

* * *

责任编辑：李春敏　赵晓菲
责任设计：张　虹
责任校对：刘　钰　王雪竹

前　言

　　现浇混凝土结构的构造问题,是在施工中常见的问题。在上个世纪末期以前,我国的设计单位对现浇混凝土结构的施工图设计文件均按构件的详图编制,并绘制相关的节点,施工单位照图施工。1996年建设部批准发布了国家标准设计图集《混凝土结构施工图平面整体表示方法制图规则和构造详图》(96G101),并在以后陆续的发布了G101系列图集共6本(G101—1～6)简称"平法",这种制图规则和表示方法为施工设计文件的编制提供了极大的方便,常见构造作法均在详图中的示意图中表示及规定,对常见的构造作法设计文件中不再绘制详图及节点。施工时需参照图集中的节点详图构造作法处理。经过10多年时间的工程实践,"平法"已被广大设计、施工、监理等有关部门所接受。目前国内绝大部分设计院对现浇混凝土结构的施工图设计文件均采用"平法"绘制。

　　现浇混凝土结构的很多构造要求均在现行的设计规范中作了规定,由于有些施工人员对相应的设计规范不了解,施工时参照国家标准图集中的构造及节点做法。因对规范、规程和标准图的熟悉程度和理解的不同,造成有关单位意见不一致,在施工中出现了一些问题,甚至某些错误的做法。特别是在有抗震设防要求的建筑结构中,不能采取按现行规范、规程和标准中规定的正确构造处理措施,既影响了施工进度也不能保证工程质量及结构的安全。

　　本书根据我国现行规范、规程和标准,结合我国施工的习惯做法,采用文图并茂的形式,对当前施工中现浇混凝土结构常见构造问题作出文字的描述,并给出处理措施。配以构造节点示意图使读者便于理解。书中的处理措施并不是唯一的,是根据本人对我国现行国家标准构造规定的理解，及本人常年从事结构设计和处理施工中的构造问题的个人观点。希望在帮助读者更深地了解我国现行国家标准构造规定的同时，提供一种新的思路并能较好的处理现浇混凝土结构中构造措施问题。

本书可供土建施工技术人员参考，也可以作为结构设计工程师的参考资料，为年轻的结构工程师在设计计算、结构构造及处理工程现场问题提供参考。

限于本人的水平及对国家标准的理解程度，书中难免有不妥和不正确之处，希望读者批评指正。

目 录

第一章 柱构造处理措施 …………………………………………………… 1

    1.1 有抗震设防要求的框架柱与框架梁混凝土强度等级不同，
节点核心区的处理措施 …………………………………………… 1

    1.2 框架结构节点核心区水平箍筋太密集，该部位箍筋的
处理措施 …………………………………………………………… 2

    1.3 框架结构顶层端节点，框架梁的上部纵向受力钢筋与框架
柱中的纵向受力钢筋的搭接处理措施 …………………………… 4

    1.4 钢筋混凝土柱中纵向受力钢筋在保护层厚度改变处，满足
设计强度要求及耐久性要求的处理措施 ………………………… 7

    1.5 框支柱的概念和有抗震要求及无抗震要求的构造要求
处理措施 …………………………………………………………… 9

    1.6 在底部为框架-抗震墙上部为砌体的结构体系中，底部砌
体抗震墙的构造措施 ……………………………………………… 11

    1.7 框架柱中设置核心柱的构造措施 ………………………………… 12

    1.8 框架柱中箍筋、拉结钢筋及圆形框架柱内采用非螺旋箍筋
的构造要求 ………………………………………………………… 14

    1.9 在有抗震设防的地区，钢筋混凝土柱在刚性地面上、
下各 500mm 范围内的箍筋加密要求，对刚性地面的理解
和加密区的处理措施 ……………………………………………… 15

    1.10 框架结构顶层端节点处，框架梁上部纵向钢筋和框架柱
外侧纵向钢筋在节点角部弯弧内半径构造要求，在该处
附加钢筋的构造措施 ……………………………………………… 17

    1.11 混凝土柱中纵向受力钢筋在基础梁内的固定措施，当柱
断面尺寸大于或等于基础梁宽时的构造措施 …………………… 18

    1.12 在有抗震要求的框架中，框架柱底层柱根部位置的确定，
底层柱根部箍筋的构造措施 ……………………………………… 20

1.13 框架柱中的纵向受力钢筋连接在非连接区域内连接的
处理措施 ………………………………………………… 22
1.14 框架柱纵向受力钢筋绑扎接头的处理措施，钢筋根数变化
处的锚固长度的处理措施 ………………………………… 23
1.15 现浇钢筋混凝土柱纵向受力钢筋在筏形基础内的锚固长度
及构造措施 ………………………………………………… 25
1.16 如何区别柱、异形柱、剪力墙和短肢剪力墙的定义 …… 27
1.17 异形柱结构体系中，异形柱纵向受力钢筋及箍筋的构造要求 …… 28
1.18 异形柱结构体系中，柱纵向受力钢筋在顶层节点的锚固
及顶层端节点钢筋在梁内搭接的处理措施 ……………… 30

第二章 剪力墙构造处理措施 …………………………………… 33

2.1 剪力墙外侧水平分布钢筋在转角处搭接处理措施 ……… 33
2.2 当剪力墙竖向及水平分布钢筋遇到暗梁或楼层梁时，钢
筋摆放位置的处理措施 …………………………………… 35
2.3 剪力竖向分布钢筋遇顶层梁或暗梁时，钢筋的构造处理
措施 ………………………………………………………… 36
2.4 剪力墙的端部和阳角处设置了边缘构件（暗柱），墙中的水
平分布钢筋在边缘构件中的处理措施 …………………… 38
2.5 剪力墙墙面洞口边的补强钢筋标注问题，剪力墙连梁中部
预留圆洞时补强钢筋的做法处理措施 …………………… 40
2.6 带有端柱剪力墙水平分布钢筋在端柱内锚固要求，端柱箍
筋的构造配置措施 ………………………………………… 41
2.7 剪力墙中要求拉结钢筋需拉住两个方向的分布钢筋，暗柱
则要求必须拉住主筋和箍筋，是否可以仅拉结主筋而不
拉结箍筋，施工时造成拉结筋端部的保护层厚度不足甚
至露筋的处理措施 ………………………………………… 43
2.8 剪力墙中第一根竖向分布钢筋距边缘构件（暗柱或端柱）
的距离如何确定，第一根水平分布钢筋距结构面的距离 …… 45
2.9 剪力墙中竖向和水平分布钢筋的最小锚固长度如何确定，分

布钢筋采用搭接连接时，其搭接部位和搭接间距离的要求 ………… 46

2.10 剪力墙中的竖向分布钢筋在楼层上、下交接处，钢筋直径
或间距改变时，在该处竖向分布钢筋连接的构造措施 ……… 48

2.11 剪力墙中水平分布钢筋在暗柱、扶壁柱两侧直径和间距不
同或墙宽不同时，连接或锚固处理措施 ……………………… 49

2.12 剪力墙身中的竖向分布钢筋，在连接部位的要求及搭接、
焊接及机械连接的处理措施 …………………………………… 51

2.13 剪力墙的端柱及小墙肢中纵向钢筋在顶层处锚固的处理
措施 ……………………………………………………………… 52

2.14 在施工图设计文件中，剪力墙由于开洞而形成的梁，
在图中标注的不是连梁(LL—)，而是框架梁(KL—)时的构造
处理措施 ………………………………………………………… 53

2.15 在剪力墙中的连梁中，设置了斜向交叉钢筋及暗撑的构造处理
措施 ……………………………………………………………… 55

2.16 剪力墙中的水平分布钢筋遇连梁时的处理措施，当连梁中的水
平腰筋与墙中的水平分布钢筋不同时的处理措施 …………… 56

2.17 部分框支剪力墙结构体系中，不落地剪力墙竖向分布钢筋在框
支梁内锚固的构造处理措施 …………………………………… 58

2.18 有抗震设防要求的抗震墙及框架-抗震墙结构体系，抗震墙底
部加强区的高度规定和构造要求 ……………………………… 60

2.19 剪力墙端部为小墙肢时，连梁纵向钢筋在端部的锚固措施；对
于连续洞口形成的小墙肢时，连梁中的纵向钢
筋和腰筋的处理措施 …………………………………………… 61

2.20 剪力墙中约束边缘构件的设置部位、沿墙肢的长度、纵向钢筋
和箍筋配置的构造要求 ………………………………………… 63

2.21 剪力墙中构造边缘构件的设置部位、其纵向钢筋和箍筋配置
的构造要求 ……………………………………………………… 65

2.22 剪力墙中非边缘构件的暗柱、扶壁柱等竖向构件的作用及构造
处理措施 ………………………………………………………… 67

2.23 剪力墙中开洞在上、下楼层布置不规则出现局部错洞时，边缘

　　　　构件中纵向钢筋的锚固处理措施 ································· 68
　2.24　当剪力墙中的洞口在上、下楼层均设置时，采用填充墙形成不
　　　　规则的布置叠合错洞时的构造处理措施 ······················· 70
　2.25　当剪力墙中的洞口在上、下楼层不规则布置且为叠合错洞时，
　　　　连梁及剪力墙边缘构件的处理措施 ····························· 72

第三章　梁构造处理措施 ································· 74

　3.1　梁下部有雨篷、挑檐等构件时，附加钢筋的处理措施 ············· 74
　3.2　框架梁及连续梁中上部非贯通钢筋伸入跨内的长度及相应的
　　　　构造处理措施 ··· 75
　3.3　楼层框架梁中的上、下部纵向受力钢筋，在边支座内锚固长度
　　　　的处理措施 ··· 76
　3.4　与剪力墙垂直相交的楼层梁，其纵向钢筋在边支座内的锚固
　　　　长度，及弧形梁纵向钢筋在支座内的锚固处理措施 ············· 78
　3.5　框架梁上部纵向钢筋，在跨内采用绑扎搭接连接的构造处理
　　　　措施 ··· 80
　3.6　框架梁在中间支座处，下部纵向受力钢筋不能拉通设置时的
　　　　锚固处理措施 ··· 82
　3.7　构件中纵向受力钢筋采用搭接连接时，同一连接区段内
　　　　的处理措施 ··· 83
　3.8　梁下部部分钢筋不伸入支座内锚固的要求及构造措施 ············· 85
　3.9　梁中设置的侧面钢筋（腰筋）在跨内的连接及在支座的锚固构
　　　　造措施 ··· 86
　3.10　梁上有集中荷载时，附加抗剪钢筋（附加箍筋、吊筋）的设
　　　　置构造要求 ··· 88
　3.11　梁中第一道箍筋距支座的距离 ································· 90
　3.12　非框架梁（次梁）上部纵向钢筋在端支座的锚固构造措施 ········ 91
　3.13　现浇混凝土结构中，框支梁的概念及相应的构造措施 ············ 92
　3.14　混凝土非框架梁（次梁）下部纵向受力钢筋在边支座的锚固
　　　　构造措施 ··· 94

3.15 框架宽扁梁的概念及梁中纵向钢筋的摆放要求，纵向钢筋在
边支座内的锚固构造措施 ·· 96

3.16 在砖砌体结构中，混凝土梁在支座上搁置长度的最小构造
要求 ··· 97

3.17 在砖砌体结构中，混凝土梁中的纵向钢筋在边支座内的锚
固长度要求及在支座内配置箍筋的构造措施 ························· 99

3.18 框架梁在框架柱两侧的宽度不同时，纵向钢筋在中柱内的锚
固和处理措施 ··· 100

3.19 框架梁的一端为框架柱，而另一端为梁（框架梁、次梁）或剪
力墙时，纵向钢筋在支座内的锚固及箍筋加密的处理措施 ······ 101

3.20 框架梁端部加腋时，增设的纵向构造钢筋在梁及柱内的锚固
要求，有抗震设防要求时梁端箍筋加密起算点的位置 ············ 103

3.21 框架梁与框架柱的宽度相同，或框架梁的一侧与框架柱平齐时，
框架梁纵向受力钢筋保护层厚度较大，采取的满足
耐久性要求的构造措施 ·· 104

3.22 折线梁下部纵向受力钢筋断开设置的要求，该处箍筋加密构
造措施 ··· 106

3.23 变截面斜向上的悬臂梁中箍筋配置的构造措施 ···················· 107

3.24 框架梁、次梁的箍筋在抗震和非抗震设计时，端部弯钩及
直线段的构造要求 ·· 108

3.25 梁配置腰筋的腹板高度计算原则，腰筋最小配筋率的构造
规定 ·· 110

3.26 梁两侧的楼板的标高不相同时，配置构造腰筋时梁的腹板高度
的计算方法 ·· 111

3.27 梁中纵向受力钢筋水平净距，以及竖向多于一排钢筋时的最小
净距的构造要求 ··· 112

3.28 梁中纵向受力钢筋采用末端与钢板穿孔塞焊锚固的构造要求及处
理措施 ··· 114

3.29 在底部框架-抗震墙、上部砌体结构体系中，托墙梁上部砌体墙
开洞时，托墙梁在洞口两侧箍筋加密的构造措施及纵向钢筋

　　　　的构造要求 …………………………………………………… 115
　3.30　异形柱框架结构中，框架梁纵向受力钢筋在异形框架柱内
　　　　通过及锚固的处理措施 ………………………………………… 117
　3.31　异形柱结构体系中，框架梁纵向受力钢筋在端节点核心区内的
　　　　锚固措施 ………………………………………………………… 120
　3.32　异形柱结构体系中，在中间层的中间节点框架梁纵向受力钢筋
　　　　核心区内的处理措施 …………………………………………… 121
　3.33　深受弯构件中的简支深梁钢筋的构造处理措施 ………………… 123
　3.34　深梁沿下边缘有均布荷载及深梁中有集中荷载作用时，
　　　　附加抗剪钢筋的处理措施 ……………………………………… 126
　3.35　框架宽扁梁在中柱节点及边节点区，有抗震设防要求时
　　　　箍筋加密区的起点位置及箍筋的处理措施 …………………… 128

第四章　板的构造措施 …………………………………………………… 131

　4.1　高层建筑转换层楼板上、下钢筋在边支座的锚固措施，楼板边
　　　　缘及大洞口边设置暗梁的构造要求 …………………………… 131
　4.2　地下室顶板钢筋在边支座内的锚固构造要求，外墙厚度变化处
　　　　墙中竖向钢筋的锚固措施 ……………………………………… 132
　4.3　楼板、屋面板中的构造钢筋和分布钢筋的区别和相关的构造
　　　　规定，是否所有的光圆钢筋端部都需要180°的弯钩 ………… 134
　4.4　悬臂板上部钢筋在支座内的锚固措施，下部构造钢筋在支座内
　　　　的锚固要求 ……………………………………………………… 135
　4.5　在楼板和屋面板中设置的温度钢筋网片，与板上部受力负钢筋
　　　　的连接构造处理措施 …………………………………………… 137
　4.6　悬挑板在阳角的放射钢筋构造处理措施及在阴角处构造钢筋的
　　　　配置要求 ………………………………………………………… 138
　4.7　斜向板中垂直斜方向的钢筋间距的配置要求 ……………………… 140
　4.8　现浇混凝土板下部受力钢筋在支座内锚固长度，板在砌体支
　　　　座上的最小搁置长度构造要求 ………………………………… 141
　4.9　现浇混凝土板上部受力钢筋在边支座内锚固构造措施，采用

  焊接钢筋网片时的锚固要求 ································· 143
 4.10 如何理解施工图设计文件中的双向板和单向板的概念，及这
  两种板的配筋构造要求 ····································· 144
 4.11 带有平台板的折板式现浇混凝土楼梯，在弯折处钢筋配置的
  构造处理措施 ··· 146
 4.12 楼、屋面板开洞时，洞边加强钢筋的处理措施 ············· 148
 4.13 板中配置抗冲切钢筋的构造措施 ························· 151
 4.14 楼、屋面板上设备基础与板的连接处理措施 ··············· 152

第五章 基础构造处理措施 ·· 154

 5.1 现浇钢筋混凝土柱中的纵向受力钢筋在独立基础中锚固长度
  要求，基础内箍筋的构造要求 ····························· 154
 5.2 独立短柱基础中的短柱竖向钢筋在基础内的锚固构造处理措施，
  短柱内拉结钢筋的设置要求 ······························· 155
 5.3 柱下独立基础间设置的拉梁中的纵向钢筋在基础内的
  锚固构造措施 ··· 156
 5.4 墙下混凝土条形基础板受力钢筋及分布钢筋配置的构造处
  理措施 ··· 158
 5.5 柱下独立混凝土基础板受力钢筋配置的构造措施，多桩承台板
  下部受力钢筋的构造措施 ································· 160
 5.6 桩基承台间的连系梁在承台内的锚固构造措施，连系梁内最大
  箍筋间距构造要求 ······································· 162
 5.7 桩顶伸入承台板或承台梁中的长度规定，桩顶纵向钢筋在承台
  或承台梁中锚固长度的构造措施 ··························· 163
 5.8 三桩承台受力钢筋的布置方式及构造处理措施 ············· 165
 5.9 各类基础构件中钢筋保护层厚度的规定 ··················· 166
 5.10 筏形、箱形基础底板中上、下层钢筋在后浇带处的处理
  措施 ··· 168
 5.11 平板式楼梯上、下层钢筋在下部基础锚固点的位置，人防
  楼梯在基础处的锚固措施 ································· 169

5.12 筏形基础中在剪力墙开洞的下过梁纵向钢筋及箍筋的构造处理措施 ………………………………………………………………… 170
5.13 墙下条形基础底面标高不同或高低基础相连接处的处理措施 … 171
5.14 框架柱与基础梁在边节点处的连接构造处理措施 …………… 174
5.15 筏形基础或地下室防水板局部降板处，钢筋在弯折部位的处理措施 ……………………………………………………………… 175
5.16 梁板式筏形基础的基础平板当无外伸时，板中受力钢筋在端支座处的锚固构造措施，板在有高低差处的构造处理措施 …… 177
5.17 梁板式筏形基础次梁在支座两侧的截面宽度、截面高度不同，次梁的底部及顶部有高差时纵向钢筋的锚固处理措施 ………… 179
5.18 梁板式筏形基础的主梁在框架柱两侧宽度不同时、梁在框架柱处有高差时，纵向受力钢筋的构造处理措施 ……………… 181
5.19 平板式筏形基础的基础平板变断面处受力钢筋的构造处理措施 ………………………………………………………………… 183

第六章 其他构造处理措施 …………………………………………… 186

6.1 在钢筋混凝土结构构件中的钢筋受拉锚固长度为何不是整数，如何计算锚固长度 ……………………………………………… 186
6.2 在有人防要求的地下室结构，构件中的纵向受力钢筋锚固长度及钢筋连接的措施 ………………………………………………… 188
6.3 混凝土构件中的纵向受力钢筋的配筋率应如何计算，构件中的一侧纵向钢筋的规定 …………………………………………… 189
6.4 在现浇混凝土结构中，砌体填充墙与主体结构拉结措施，构造柱纵向钢筋在主体结构内有何锚固处理措施 ………………… 190
6.5 为什么划分混凝土结构的环境类别，在工程中如何理解环境类别的划分 ………………………………………………………… 192
6.6 混凝土构件耐久性的基本要求有哪些，如何满足这些要求，耐久性要求的目的是什么 …………………………………………… 193
6.7 混凝土结构构件中，纵向受力普通钢筋连接方式的规定及连接方式应采取的构造措施 …………………………………………… 194

6.8 在有抗震设防要求的结构中，对某些构件中纵向受力钢筋的强制性规定，以及其目的和作用 …………………………………… 196

6.9 在混凝土结构的构件中，纵向受力钢筋代换的规定，在同一构件中的纵向受力钢筋是否可以等级不同 ……………………………… 196

6.10 在混凝土构件中一般对受力钢筋的最小保护层厚度的规定，分布钢筋、构造钢筋和箍筋保护层的规定 ……………………… 197

6.11 在有抗震要求的现浇钢筋混凝土框架结构中，对框架梁、柱的纵向受力钢筋连接方式的要求及处理措施 ……………………… 199

6.12 在作明确规定的不允许钢筋连接区域内接长时，受力钢筋在有条件的情况下是否可以在此区域内连接，避开"受力较大的区域"的部位 …………………………………………………… 200

6.13 混凝土结构中，在钢筋搭接连接的长度范围内是否均要求箍筋加密，机械连接和焊接是否也要求箍筋加密 ……………………… 200

6.14 在有抗震设防要求的砌体结构中，楼梯间或门厅会设置长度较大的梁，这样的梁在砌体上的搁置长度的处理措施 ……………… 201

6.15 框架柱中螺旋复合箍筋的构造处理措施 ………………………… 202

参考文献 ……………………………………………………………………… 204

第一章 柱构造处理措施

1.1 有抗震设防要求的框架柱与框架梁混凝土强度等级不同，节点核心区的处理措施

框架节点核心区在受到水平荷载的作用下其内力是比较复杂的，特别是在地震作用影响下，该部位要承担很大的剪力，很容易产生剪切的脆性破坏。因此在设计时要求节点核心区的承载能力更强，在工程中通常框架柱的混凝土强度等级高于框架梁、次梁和楼板，很多施工图设计文件都要求节点核心区的混凝土强度等级与框架柱相同，其目的就是为了保证"强柱弱梁，节点更强"的设计理念，在地震作用下节点核心区的混凝土晚于框架梁和框架柱破坏，在大震作用下只要节点和框架柱不产生破坏，房屋就不会倒塌。

当框架柱与框架梁混凝土的强度等级相差较大时，通常的施工方法是：先将框架柱混凝土浇筑到框架梁底部标高，然后按框架柱的混凝土强度等级浇筑节点核心区混凝土，再浇筑框架梁、次梁和楼板的混凝土。若节点核心区采用比框架柱低的框架梁混凝土强度等级同时浇筑，节点核心区混凝土强度等级就会低于框架柱，不满足设计的要求，在地震作用影响下，节点核心区斜截面抗剪强度不足而有可能先于框架柱的破坏，不能保证结构的整体安全。

而当混凝土的强度等级相差较小时，根据具体情况可以采用框架梁的混凝土强度等级同时浇筑节点核心区混凝土。一般可以按混凝土的强度等级5MPa为一级的原则来处理节点核心区混凝土同时浇筑的问题；当工期要求比较急，需要节点核心区的混凝土与楼层结构同时浇筑时，可以同原设计单位的结构工程师协商，采取增加框架梁的水平腋加强对节点核心区的约束，加大节点核心区的面积并配置附加钢筋等措施来解决。

处理措施

（1）当框架柱和框架梁的混凝土强度等级不超过一级，或不超过两级但是节点四周均有框架梁时，可按框架梁的混凝土强度等级同时浇筑节点核心区混凝土。

（2）当框架柱与框架梁混凝土的强度等级不超过两级，但并不是框架柱的四边均设置了框架梁，倘若这时要采用框架梁的混凝土强度等级同时浇筑核心区的混凝土时，应由原设计单位的结构工程师对节点核心区混凝土承载能力进行验算，符合要求后方可同时浇筑。

（3）当不能满足上述两条要求时，节点核心区混凝土宜按框架柱混凝土强度等级单独浇筑。在框架柱混凝土初凝前浇筑楼层构件的混凝土，并加强对该部位混凝土的振捣和养护。

（4）当为施工方便加快施工进度而需要节点核心区的混凝土与楼层构件同时浇筑混凝土时，应与原设计单位的结构工程师协商，采取加大节点核心区的面积，配置附加钢筋加强对核心区的约束等措施，也是可以同时浇筑混凝土的。

1.2 框架结构节点核心区水平箍筋太密集，该部位箍筋的处理措施

在水平荷载作用下，由于框架结构的节点核心区的受力状态比较复杂，为使框架梁和框架柱中的纵向受力钢筋有可靠的锚固条件，框架节点核心区的混凝土应具有良好的约束性，所以在节点区除按结构计算的需要配置足够的水平箍筋外，对于高层建筑还应根据框架柱的轴压比满足最小体积配箍率的要求。现行的《高层建筑混凝土结构技术规程》JGJ 3 对框架节点区的配箍特征值和体积配箍率有明确的规定，其目的就是要保证在地震作用下，实现"强柱弱梁，节点更强"的设计理念。

节点核心区的箍筋的作用与柱端有所不同，其构造要求与柱端也有所区别，因此在工程中节点核心区的水平箍筋比较密集，特别是有抗震设防

要求的框架结构，一般均采用复合箍筋，该区域还有框架梁和框架柱中的纵向受力钢筋穿过，就给施工带来了很多的不方便。在国外有的国家规定在节点核心区可以采用两个 U 形箍筋对面交错搭接连接的做法，在我国有的工程也采用过此类做法，但是箍筋的搭接长度应满足抗震的搭接长度 l_{lE} 的要求。

由于节点核心区的重要性，为保证整体结构的安全，该区域内的水平箍筋应按施工图设计文件的规定配置，不可以随意减少。对非抗震设防要求的框架，其节点核心区的水平箍筋构造要求相对宽松些，特别是节点周边都设置了框架梁时，节点核心区的水平箍筋做法可以更简单。根据我国工程经验并参考国外的有关规范而规定，当节点四边有梁时，由于除节点核心区四角以外的纵向钢筋，柱周边其他纵向钢筋不存在过早压屈的危险，因此可不设置复合箍筋。

处理措施

（1）框架结构的节点核心区无论是否有抗震设防要求，均必须设置水平箍筋。

（2）有抗震设防要求的框架节点核心区中的水平箍筋，应按施工图设计文件要求配置复合箍筋。见图 1-1(a) 不可以因施工的困难而随意减少。

（3）非抗震设防要求的框架节点核心区，水平箍筋的间距不宜大于 250mm，对于四面有框架梁与框架柱相连的节点核心区，不需要设置复合箍筋，可仅沿节点的周边设置矩形水平箍筋，见图 1-1(b)。其他情况应按施工图设计文件的要求配置。

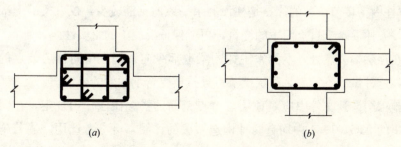

图 1-1　框架结构节点核心区水平箍筋密集的处理措施
（a）有抗震设防要求的情况；（b）非抗震设防要求的情况

(4) 当采用两个 U 形对面搭接的箍筋时应两个方向交错搭接，其搭接长度对有抗震设防要求时应不小于 l_{lE}，无抗震设防要求时，不小于 l_l。

1.3 框架结构顶层端节点，框架梁的上部纵向受力钢筋与框架柱中的纵向受力钢筋的搭接处理措施

框架结构顶层端节点处，框架梁上部纵向受力钢筋与框架柱外侧纵向受力钢筋的搭接构造，根据我国顶层足尺端节点抗震性能的试验结果，有两种构造做法。现行的《混凝土结构设计规范》GB 50010 规定了这两种做法的构造措施。一种做法是将梁上部纵向钢筋伸至节点外侧，并向下弯折到梁下边缘，同时将不少于 65％的柱外侧纵向钢筋伸至柱顶并水平伸入梁上边缘，而且从梁下边缘经节点外边到梁内的折线搭接长度不应小于 $1.5l_{aE}$（非抗震时为 $1.5l_a$），此处为钢筋的 100％搭接。这种搭接方式简称"梁内搭接节点"。另一种做法是将柱外侧纵向钢筋伸至柱顶，并向内弯折不小于 $12d$，而梁上部纵向钢筋应伸至节点外边后向下弯折，垂直长度不小于 $1.7l_{aE}$（非抗震时为 $1.7l_a$）后截断，这种搭接形式简称为"柱内搭接节点"。

"梁内搭接节点"的优点是钢筋搭接长度较小，由于框架梁和框架柱的纵向钢筋在搭接长度内均有 90°弯折，这种弯折对搭接传力的有效性发挥了重要的作用，节点处的负弯矩塑性铰将出现在柱端，梁的上部纵向钢筋不伸入柱内，施工比较方便。

"柱内搭接节点"的优点是柱顶的水平纵向钢筋较少，仅有梁的上部纵向钢筋，方便混凝土自上而下的浇筑，更能保证混凝土的密实性。

在顶层端节点处，不能采用如同梁上部纵向钢筋在中间楼层节点的锚固做法，这种做法不能满足顶层端节点处抗震受弯承载力的要求。

施工图设计文件中应对顶层端节点钢筋的搭接做法作出规定，在国家标准图集的 03G101—1 中均有两种构造做法的详图，可参考选用。倘若施工图设计文件未作出明确规定时，应争得原设计单位的结构工程师的同意，选择其中一种做法。

处理措施

(1) 采用"梁内搭接节点"的搭接方式时,框架柱外侧纵向钢筋伸入框架梁内不宜少于65%。其余柱外侧纵向钢筋宜沿柱顶伸至柱内边,当该柱纵向钢筋位于顶部第一层时,伸至柱边后,宜向下弯折不小于8d后截断;当该柱纵向钢筋位于第二层时,可伸至柱边后截断。见图1-2梁内搭接节点构造图(一)。

(2) 采用"梁内搭接节点"的搭接方式时,顶层有现浇钢筋混凝土屋面板,且其混凝土强度等级大于C20,屋面板的厚度不小于80mm时,梁宽度范围以外的柱外侧纵向钢筋可以伸入屋面板内,其伸入的长度与伸入梁内的长度相同。见图1-3梁内搭接节点构造图(二)。

(3) 采用"梁内搭接节点"的搭接方式,且柱外侧纵向钢筋的配筋率大于1.2%时,其钢筋应分两批截断,截断点的距离不宜少于20d,见图1-4梁内搭接节点构造图(三)。

(4) 采用"梁内搭接节点"的搭接方式时,框架梁上部纵向受力钢筋均应伸至框架柱外边并向下弯折到梁底标高。见图1-2～图1-4。

(5) 当框架梁和框架柱的配筋率较高时,可以采用"柱内搭接节点"的搭接方式,梁上部纵向钢筋伸至柱外边向下弯折,其搭接长度不应小于1.7l_{aE}(非抗震时为1.7l_a)的直线段。

(6) 采用"柱内搭接节点"的搭接方式时,柱内侧纵向钢筋应伸至柱顶并向内弯折,弯折后的水平投影长度不宜小于12d。见图1-5柱内搭接节点构造图(一)。

(7) 采用"柱内搭接节点"的搭接方式,且框架柱外侧纵向钢筋的配筋率大于1.2%时,框架梁的上部纵向钢筋应在柱外侧下弯分两批截断,截断点的距离不宜小于20d。见图1-6柱内搭接节点构造图(二)。

(8) 顶层端节点柱内侧纵向钢筋和两下部纵向钢筋在节点的锚固,与顶层中间节点的做法相同。

(9) 对抗震等级为一级及跨度较大和屋面荷载较大的二级框架,宜选用"梁内搭接节点"搭接方式。

(10) 其他抗震等级及无抗震要求的框架,顶层端节点的钢筋搭接方式,可根据工程的具体情况和施工条件选用。

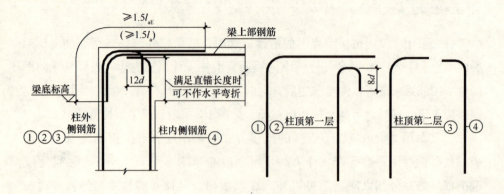

图1-2 梁内搭接节点构造图(一)

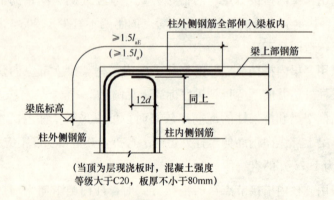

(当顶为层现浇板时,混凝土强度等级大于C20,板厚不小于80mm)

图1-3 梁内搭接节点构造图(二)

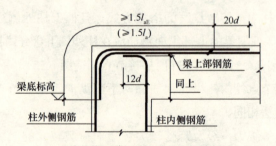

(当柱外侧钢筋配筋率大于1.2%时)

图1-4 梁内搭接节点构造图(三)

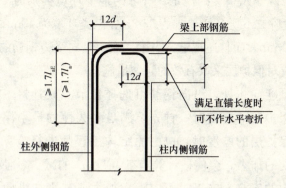

图 1-5 柱内搭接节点构造图（一）

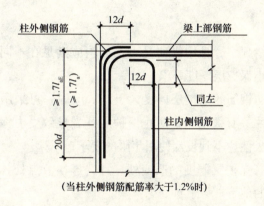

图 1-6 柱内搭接节点构造图（二）

1.4 钢筋混凝土柱中纵向受力钢筋在保护层厚度改变处，满足设计强度要求及耐久性要求的处理措施

钢筋混凝土构件中纵向受力钢筋的保护层厚度，是为满足构件耐久性和对受力钢筋有效锚固的要求。当构件的使用环境不同时，对保护层厚度的要求也不同，特别是在有特殊要求时，保护层厚度还会加厚。在保护层厚度变化处，均应满足各自最小保护层厚度的要求。现行《混凝土结构设计规范》GB 50010 对构件中纵向受力钢筋最小保护层厚度的规定是强制性条文。设计

7

和施工必须严格遵守此条文的规定。一般的地下环境类别为二类或三类，柱最小保护层厚度除二b类环境要求为35mm、三类环境为40mm外，一类和二a类环境均为30mm。而且还规定，当梁、柱中纵向受力钢筋的保护层厚度大于40mm时，应对保护层采取有效的防裂措施。

在保护层厚度变化处，纵向钢筋可选择在节点处连接。为方便施工要求加大或减小保护层的厚度时，首先要满足耐久性的最小保护层厚度的要求，当要加大保护层的厚度时，应由原结构工程师进行验算，因纵向受力钢筋保护层厚度的加大，会使柱计算有效高度 h_0 的减少，使原来的配筋量不足而影响结构的安全。施工时不应随意加大或减少柱纵向钢筋的保护层厚度。

处理措施

(1) 在任何情况下，柱中纵向受力钢筋均应满足在不同环境类别中，或特殊要求时的最小保护层厚度要求。

(2) 当柱纵向钢筋的保护层厚度大于40mm时，可采用在保护层内增加钢板网、钢筋网片等有效措施，防止保护层开裂导致受力钢筋的锈蚀，使钢筋混凝土柱的耐久性达不到设计使用年限的要求。

(3) 纵向钢筋保护层厚度的改变处，宜选择在节点处，如首层的框架节点、室外地面处的地下框架节点处等。

(4) 纵向钢筋在保护层改变处，可采用纵向钢筋坡向连接见图1-7，也可以采用上柱的纵向受力钢筋锚固在下柱的做法见图1-8。

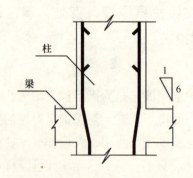

图1-7　纵向受力钢筋坡向连接

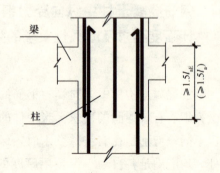

图1-8　纵向受力钢筋锚固连接

1.5 框支柱的概念和有抗震要求及无抗震要求的构造要求处理措施

在高层建筑中,由于建筑的使用功能要求,通常会在建筑的下部设置大空间,这样会使部分竖向构件不连续,这样的结构体系属抗侧力构件不连续体系。因此会在竖向不连续的变化处设置转换层,部分不能连续的剪力墙需要在转换层的大梁上生根,这种承托不连续剪力墙的转换大梁称为框支梁,而支承框支梁的柱称作框支柱;在水平荷载作用下,转换层上下的结构侧向刚度对构件的内力影响比较大,会导致构件中的内力突变,使部分构件提前破坏。为防止这种构件的破坏,因此对这样的竖向构件除计算应满足承载力要求外,构造措施也更为严格。而且框支柱要比一般的框架柱的断面尺寸要大。

现行的《高层建筑混凝土结构技术规程》JGJ 3 中规定,当建筑有抗震设防要求时,框支柱和落地剪力墙的底部加强区的抗震等级,应比主体结构提高一级抗震措施(已经为特一级的不再提高)。并对框支柱中的箍筋及加密区的要求都有强制性的规定。在施工图设计文件中,一般都会对框支柱的抗震等级和构造要求有特殊的说明和规定。

处 理 措 施

(1) 框支柱中的纵向受力钢筋的间距,当有抗震设防要求时,不宜大于 200mm,无抗震设防要求时,不宜大于 250mm,且均不应小于 80mm。

(2) 框支柱中在上部墙体范围内的纵向受力钢筋,应伸入上部混凝土墙内不少于一层,其余纵向钢筋应锚入梁内或板内。钢筋锚入梁内的长度,从柱边算起不少于 l_{aE}(有抗震设防要求时)或 l_a(无抗震设防要求时)。在边节点的做法见图 1-9,中间节点的做法见图 1-10;在节点区内水平箍筋和拉结钢筋,应拉住每根柱纵向受力钢筋。

(3) 框支柱中的纵向受力钢筋的接头,宜设置在楼板面以上 700mm 的区段,并宜采用机械连接或焊接;当采用搭接接头时,则搭接长度不小于 l_{lE}(有抗震设防要求时)或 l_l(无抗震设防要求时)。

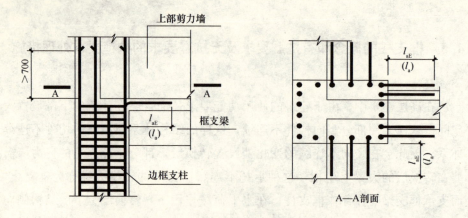

图 1-9 框支边柱纵向钢筋的节点做法

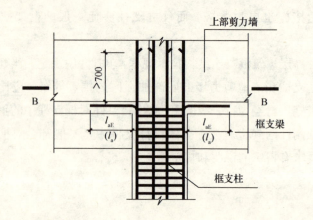

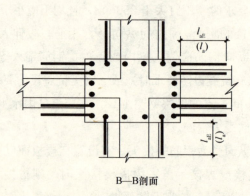

图 1-10 框支中柱纵向钢筋的节点做法

(4) 有抗震设防要求时，框支柱内的箍筋应采用螺旋复合箍或井字复合箍，箍筋的直径不小于10mm，间距不应大于100mm和6倍纵向钢筋的较小值，并应沿框支柱竖向全高加密。

(5) 无抗震设防要求时，框支柱内的箍筋应采用螺旋复合箍或井字复合箍，箍筋的直径不小于10mm，并应沿框支柱竖向全高间距不应大于150mm。

1.6 在底部为框架-抗震墙上部为砌体的结构体系中，底部砌体抗震墙的构造措施

在砌体结构中，底部为框架-抗震墙的结构体系，由于下部可以形成大空间，在沿街可以在下部作为商店或公共用途，在我国很多地区均有这种底部一、二层为商业，上部为砌体结构的住宅建筑。在地震地区，为使这样结构体系的建筑沿竖向刚度均匀变化，在过渡层不产生刚度突变，现行的《建筑抗震设计规范》GB 50011中规定，底部框架最多可以设计成两层，并保证上下层的刚度比控制在一定的范围内，且在框架间的纵横两个方向均应设置抗震墙。并强制性规定，当抗震设防为6度和7度，且房屋的总层数不超过5层时，允许采用砌体嵌砌在框架柱间作为抗震墙，其余情况应采用钢筋混凝土墙作为抗震墙的做法。

框架柱的抗震等级应按施工图的设计文件规定采取相应的构造措施。砌体抗震墙的断面尺寸和材料的强度等级是根据结构计算决定的。砌体抗震墙的施工方法与框架结构中的填充墙构造要求是不同的。震害表明，严格按规范设计施工的这种结构形式在大震时并未倒塌破坏，而未严格按规范和标准设计施工的，底部框架一抗震墙和上部砌体破坏严重甚至倒塌。作为抗震墙的砌体不得随意改变和拆除。

处理措施

(1) 在底部框架中采用砌体作为抗震墙时，必须先砌筑砌体，后浇筑框架柱的混凝土。设计文件会明确地说明砌体抗震墙的部位（有些砌体为后砌隔墙）。

（2）沿框架柱高度每隔500mm配置2φ6与砌体抗震墙的拉结钢筋，应沿墙体通长设置；拉结钢筋在框架柱中的锚固长度为l_{aE}，见图1-11，在墙体的半高处设置与框架柱相连的钢筋混凝土水平系梁。

（3）当墙长大于5m时，应在墙内设置钢筋混凝土构造柱。

（4）当框架柱间的后砌墙体不作为抗震墙时，可先浇筑混凝土框架柱，后砌筑填充墙，并根据抗震设防的等级设置拉结钢筋；为提高后砌填充墙反力对框架柱端产生剪力的承载能力，在端节点处采取增设45°斜向附加钢筋的构造措施，见图1-12。

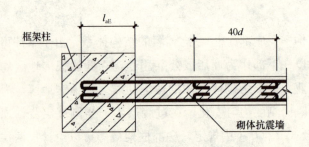

图1-11 拉结钢筋在框架柱中的锚固

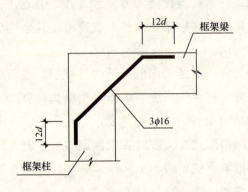

图1-12 斜向附加构造钢筋

1.7 框架柱中设置核心柱的构造措施

在有抗震设防要求的框架柱中，为了提高框架柱的受压承载力和变形能力，在框架柱中设置的小柱称之为核心柱。试验研究和工程实践都证明，在框架柱内设置的核心柱在大震情况下，可以有效地减小柱的压缩变形，并具有良好的延性和耗能能力；有效地改善在高轴压比的情况下的抗震性能，特别是当柱的净高与柱长边之比为3～4的短柱及此比值不大于2的超短柱中，按构造设置核心柱效果很明显。试验表明此类框架柱易产生粘结型剪切破坏和对角斜拉型剪切破坏。

在框架柱内设置核心柱，应控制纵向钢筋的配筋率不宜过大，在高轴压比的情况下，更有利于提高柱的变形能力，减少这种脆性破坏，延缓倒塌。因此在这种情况下，框架柱会设计成有核心柱的框架柱。核心柱内的纵向钢筋和箍筋是按构造要求配置的，为了方便框架梁纵向钢筋在柱内的通过，核心柱应该设置在框架柱的中心部位，并应有足够的截面尺寸。现行的《建筑抗震设计规范》GB 50011对核心柱的最小截面尺寸作出了规定，其纵向钢筋的连接和锚固与框架柱的构造要求相同；核心柱应单独设置箍筋，其构造要求与框架柱相同。

处 理 措 施

(1) 核心柱应设置在框架柱截面内的中部，其截面尺寸不宜小于该框架柱边长的1/3，且不小于250mm，见图1-13。

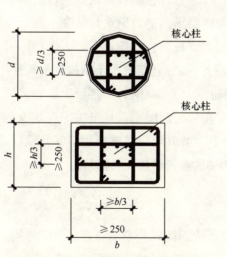

图1-13 核心柱最小断面尺寸要求

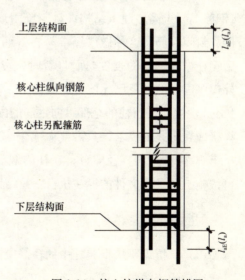

图1-14 核心柱纵向钢筋锚固

（2）核心柱内的箍筋不应利用该框架柱内的复合箍筋作为核心柱的箍筋，应单独的配置核心柱的箍筋。

（3）核心柱内的纵向钢筋在框架柱的上、下楼层中锚固，其做法与框架柱内的纵向受力钢筋相同。见图 1-14。

1.8　框架柱中箍筋、拉结钢筋及圆形框架柱内采用非螺旋箍筋的构造要求

根据我国当前的有关规范规定，柱中的箍筋应设计成封闭式的箍筋，并且在末端应做成 135°弯钩，还应保证弯钩后有足够长度的直线段。这不仅是对有抗震要求框架柱的构造规定，对无抗震要求的柱，其箍筋也应该做成封闭式的。它们之间的区别是弯钩后的直线段的长度要求不同。有些工程中对无抗震要求的柱，其箍筋未做成封闭式的，这种做法是不正确的。在圆形柱中的非螺旋箍筋也应做成封闭式的，并且应有足够的搭接长度。在有些工程中虽然非螺旋箍筋按矩形箍筋做成了封闭式的，但是没有搭接长度，这种做法也是不正确的。

对于高层建筑中的框架柱，当柱的全部纵向钢筋的配筋率大于 3%时，原《钢筋混凝土高层建筑结构设计与施工规程》JGJ 3—91 曾规定，应将箍筋焊接成封闭箍筋，这种做法经常易将箍筋与柱的纵向受力钢筋焊接在一起，会影响柱纵向钢筋的强度，而且费时、费工增加造价，对质量有害而无利。国外很多国家的规范已无此类的规定了。现行《高层建筑混凝土结构技术规程》JGJ 3 中规定，当柱的全部纵向钢筋的配筋率大于 3%时，不再规定箍筋必须焊接成封闭式的要求，只需要做成带 135°弯钩的封闭箍，且末端的直线段不小于 10 倍的箍筋直径即可；在柱的截面中心可以用拉结钢筋代替部分箍筋，可按施工图设计文件的标注执行，拉结钢筋的弯钩做法同柱箍筋。

处理措施

（1）有抗震要求框架柱中的箍筋应设计成封闭式，末端应做成 135°弯钩，且弯钩后的直线段长度不应小于 10d（d 为箍筋直径），也不应小于 75mm。

见图 1-15。

（2）无抗震要求时柱中周边的箍筋应设计成封闭式，末端也应做成 135° 弯钩，且弯钩后的直线段长度不应小于 5 倍的箍筋直径。

（3）当柱中的全部纵向钢筋的配筋率超过 3％时，可采用绑扎封闭箍筋，箍筋的末端应做成 135°弯钩，且弯钩后的直线段长度不应小于 10 倍的箍筋直径。

（4）柱中代替部分箍筋的拉结钢筋，其端部做法与箍筋相同，见图 1-16。

（5）圆柱中的非螺旋箍筋其搭接长度应满足 $l_l \geqslant l_{aE}(l_a)$ 的要求，且不小于 300mm。有抗震设防要求时，弯钩后的直线段不小于 10 倍的箍筋直径，无抗震设防要求时不小于 5 倍的箍筋直径，见图 1-17。

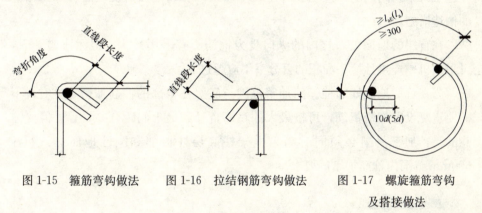

图 1-15 箍筋弯钩做法　　图 1-16 拉结钢筋弯钩做法　　图 1-17 螺旋箍筋弯钩及搭接做法

1.9 在有抗震设防的地区，钢筋混凝土柱在刚性地面上、下各 500mm 范围内的箍筋加密要求，对刚性地面的理解和加密区的处理措施

在地震区对钢筋混凝土柱在刚性地面处，箍筋需要加密设置，这样构造规定，是因为刚性地面对柱有一定的约束作用，当地震发生时，此处因未采取加强措施而被剪切破坏。在震害调查中发现很多框架柱因在此处未作箍筋加密而产生了剪切破坏，而有箍筋加密的柱，此处基本没有发现破坏的现象。因此现行的《建筑抗震设计规范》GB 50011 规定，当框架柱遇

刚性地面时，除柱端需要箍筋加密外尚应取刚性地面上、下各500mm范围内箍筋加密。此条是加强刚性地面处框架柱的构造措施。通常施工图设计文件中均会有此项要求。

所谓刚性地面系指在地面处无地下框架梁，无地下室的首层楼板的地面处，地面的建筑的刚性做法或设置了现浇混凝土地面，由于地面平面内的刚度较大，在水平力的作用下平面内的变形很小，对框架柱起到一定的约束作用。除现浇混凝土地面外，其他的硬质地面达到一定的厚度也属于刚性地面，如石材地面、沥青混凝土地面、有一定厚度的混凝土垫层的地砖地面等。判别刚性地面的性质主要是根据平面内的刚度大小及对框架柱的约束程度。当在施工时不易判别时，应与设计工程师联系，明确地面的性质后再采取相应的构造措施。

在首层的地面处，柱内的纵向受力钢筋不宜采用接头；但无法避开时，可采用机械连接且接头面积的百分率不应超过50%。

当在首层地面处的柱箍筋加密范围与底层柱根部的箍筋加密重叠时，不需要重复设置加密箍筋，可按最大的箍筋直径和最小间距合并设置。但要注意的是，加密范围必须同时满足框架柱底层柱根部和刚性地面上、下各500mm范围内箍筋加密的要求。

处理措施

（1）在刚性地面上、下各500mm范围内设置箍筋加密区，其箍筋的直径和间距按框架柱节点区加密的构造要求。见图1-18。

（2）当框架的边柱遇室内外标高不同，且均为刚性地面时，柱中的箍筋加密区应按各自的地面上、下500mm确定。见图1-19；当仅框架柱一侧为刚性地面时，也应按此构造要求设置箍筋加密区。

（3）框架柱中的纵向受力钢筋不宜在刚性地面处连接，当无法避开时，应采用机械连接的方式，且接头的按面积百分率不超过50%。

（4）当框架柱在刚性地面的构造加密区与底层柱根部的加密区重叠时，可不重复设置箍筋加密，可将两者合并设置，但需满足各自的加密区要求。

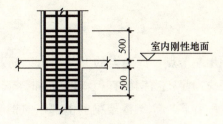

图 1-18 刚性地面在柱周边标高相同

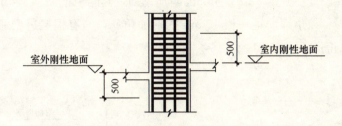

图 1-19 刚性地面在柱周边标高不同

1.10 框架结构顶层端节点处,框架梁上部纵向钢筋和框架柱外侧纵向钢筋在节点角部弯弧内半径构造要求,在该处附加钢筋的构造措施

框架结构顶层端节点处的框架梁上部纵向钢筋,及框架柱外侧纵向钢筋在节点角部弯弧内半径要比其他的部位大,这个构造要求在施工时通常被忽略,仍按楼层处边节点的做法是不正确的。加大此处梁柱纵向钢筋弯弧内半径的目的,是防止节点内弯折的钢筋弧度较小而发生局部混凝土被压碎。现行的《混凝土结构设计规范》GB 50010 中明确规定其弯折弧度的要求,并根据纵向钢筋的直径而规定弯折内半径的要求。由于顶层端节点梁柱纵向钢筋弯折内半径加大,节点区的外角会出现较大的素混凝土区,钢筋的保护层厚度也会大于 40mm,因此在该处应设置附加构造钢筋防止混凝土保护层开裂。

处理措施

(1) 框架结构顶层端节点，框架梁的上部纵向钢筋及框架柱外侧纵向钢筋，其弯折弧内半径应满足：当钢筋直径≤25mm 时，不宜小于 6d；当钢筋直径＞25mm 时，不宜小于 8d（d 框架梁的上部纵向钢筋及框架柱外侧纵向钢筋的直径），见图 1-20。

(2) 当框架柱外侧纵向钢筋的直径≥25mm 时，在顶层端节点外侧上角处，至少要设置不少于 3 根 10mm 的附加钢筋，其间距不大于 150mm 并与主筋绑扎牢固。在角部设置一根 10mm 的附加角筋，当有框架边梁通过时，可以取消此钢筋。见图 1-21。

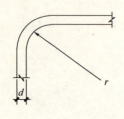

本条说明的部位：
当 $d \leqslant 25$ $r=6d$，当 $d>25$ $r=8d$。
其他部位：当 $d \leqslant 25$ $r=4d$，当 $d>25$ $r=6d$。

图 1-20　钢筋弯折半径

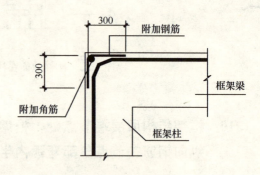

图 1-21　附加钢筋构造

1.11 混凝土柱中纵向受力钢筋在基础梁内的固定措施，当柱断面尺寸大于或等于基础梁宽时的构造措施

柱与基础梁的连接处也属于节点区，但与上部结构的梁柱节点区不同，在抗震建筑结构中，基础梁在节点区通常不需要设置按抗震构造的箍筋加密区。柱中的纵向受力钢筋在基础梁内是锚固问题，柱箍筋在基础梁内也无构造加密要求。柱纵向钢筋在基础梁内的固定应采取绑扎形式，很多工程中柱纵向钢筋在基础梁中采用与基础梁内的纵向钢筋焊接固定，这种固

定做法是不正确的。

当柱的截面尺寸比基础梁宽度小时，可直接将纵向钢筋锚固在基础梁里，应满足锚固长度的要求并与基础梁的钢筋绑扎固定。也可以选用箍筋固定柱纵向钢筋，使其准确地放置在设计位置上。

当柱的截面尺寸大于基础梁的宽度时，一般施工图的设计文件都会把基础梁局部宽度加大，或设置基础梁的水平腋来满足柱纵向钢筋在基础梁中的锚固和柱纵向钢筋在基础梁中的定位。水平腋中还配置构造钢筋，固定柱纵向钢筋的水平箍筋可不采用柱中的复合箍筋形式，仅用单个矩形箍筋固定柱纵向钢筋即可。当施工图设计文件未将基础梁局部加大或未设置基础梁的水平腋时，特别是当柱的截面尺寸与基础梁的宽度相同时，应与设计单位结构工程师协商，决不可以将柱纵向钢筋弯折插入基础梁中。

处理措施

（1）柱中的纵向受力钢筋在基础梁内应可靠地锚固，不应采用与基础梁中的钢筋焊接固定，应采用绑扎方式固定。

（2）柱纵向受力钢筋可在基础梁内采用箍筋固定其位置，箍筋为不少于两道的单个箍筋，不需要采用复合箍筋，当施工图未标注箍筋的直径时，箍筋的直径可以选用 8～10mm，且箍筋的间距不宜大于 500mm；见图 1-22。

（3）当柱的截面尺寸不小于基础梁的宽度时，基础梁在此处应局部加大或设置水平腋，局部加大的尺寸及水平腋的宽度不应小于 50mm，见图 1-23；并可以设置水平构造钢筋；当施工图设计文件未要求加大局部尺寸或设置水平腋时，应与设计单位结构工程师协商解决柱纵向受力钢筋在基础梁中的锚固问题。

（4）柱在基础梁内不需要设置箍筋构造加密的做法，而在柱根部应按构造要求设置箍筋加密区。

（5）基础梁在柱端部除配置图纸要求设置的箍筋外，通常不需要设置箍筋加密区；当图纸中明确注明在一定范围内箍筋的间距比跨中小时，是按基础梁的抗剪计算需要配置的，而不是按抗震构造要求配置的箍筋加密区。

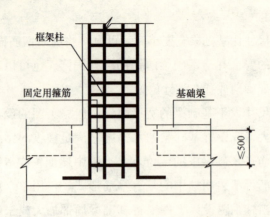

图 1-22　固定柱纵向钢筋的箍筋设置

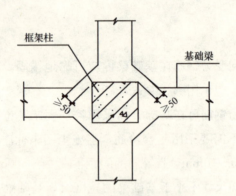

图 1-23　基础梁的水平加腋

1.12　在有抗震要求的框架中，框架柱底层柱根部位置的确定，底层柱根部箍筋的构造措施

有抗震设防要求框架柱的上、下柱端设置箍筋加密区的构造规定，是为了提高柱端塑性铰区的延性，对混凝土提供约束，防止柱中纵向受力钢筋压屈和保证受剪承载力的目的。箍筋加密区的长度，是根据试验及震害所获得的柱端塑性铰区的长度适当地增大后确定的。底层柱的上端及其他各层柱的

两端设置的箍筋加密区长度，应取矩形柱长边尺寸（或圆形柱截面的直径）、柱净高的1/6和500mm三者最大值。而底层柱的柱根部的加密区长度，为柱根以上1/3柱净高范围。在施工中不应混淆其底层柱根部与楼层柱两端的加密区长度概念。

底层柱根系指框架柱底层的嵌固部位。2008年版的《建筑工程设计文件编制深度规定》中要求，在施工图设计文件的结构总说明中，应注明高层建筑整体计算时的嵌固部位，当设有一层地下室时，整体分析时会把建筑的嵌固部位选择在基础顶面，它并不是框架柱底层柱根部位。当地下室多于一层时，通常把地下室的顶板处作为嵌固部位。无论地下室有几层，底层柱的柱根部箍筋加密区均应从地下室顶板算起，而不是从基础的顶面算起。

根据现行的《混凝土结构设计规范》GB 50010的强制性条文规定，底层柱的柱根系指在地下室的顶面或无地下室情况的基础顶面，并规定了加密区的长度。还规定了当有刚性地面时，除柱端箍筋加密区外尚应在刚性地面上、下各500mm的高度范围内加密箍筋。

震害调查表明，在大震时底层柱根部的剪切和弯曲破坏是造成建筑倒塌的主要原因之一。加强柱根部的抗震构造措施，其目的也是为实现"强柱弱梁"、增强柱根的抗剪能力、提高柱的延性，防止在大震时柱根破坏而造成房屋的整体倒塌。

处理措施

(1) 当无地下室时，底层柱的柱根部系指基础顶面。见图1-24。

(2) 当有地下室时，底层柱的柱根部系指地下室顶面处。见图1-25。

(3) 当框架柱设置在转换层的大梁上时，底层柱的柱根部系指转换大梁的顶面处。见图1-26。

(4) 底层柱柱根部箍筋加密区的长度为，柱根以上本层柱的1/3净高。

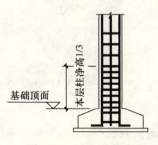

图1-24 无地下室时

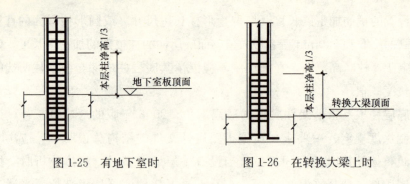

图 1-25　有地下室时　　　　图 1-26　在转换大梁上时

1.13　框架柱中的纵向受力钢筋连接在非连接区域内连接的处理措施

　　框架柱中的纵向受力钢筋连接，一般应选择在柱受力较小处，有抗震设防要求的框架柱中，其纵向钢筋不宜在柱上、下端的箍筋加密区内连接。此范围为柱纵向钢筋非连接区域。在施工时一般现场工程师比较难判断受力较小处的位置，应与设计工程师商定。过去对于结构的关键部位，钢筋的连接均要求焊接，现行规范改为宜采用机械连接。这是因为目前现场施工时焊接质量较难保证，而机械连接技术已比较成熟，质量和性能也比较稳定。在震害的调查中观察到，很多采用气焊的柱纵向钢筋在焊接部位有拉断的情况。

　　由于在抗震设防要求工程的中，规定柱中的纵向受力钢筋连接接头尽量避免在柱端箍筋加密区内连接，但在具体工程中很难避免在柱端连接，因此规范规定，当无法避免时可以在该范围内连接，但宜采用机械连接接头，且要控制接头的百分率和连接质量。

处 理 措 施

　　(1) 抗震结构中，框架柱的纵向受力钢筋非连接区为上、下柱端及节点核心区，见图 1-27；在此范围内不宜采用钢筋连接接头。

　　(2) 柱上、下柱端的非连接区为柱箍筋加密区，其长度为柱在本层净高的 1/6、柱的长边尺寸和 500mm 中，三者最大值。

　　(3) 当柱纵向钢筋无法避开在柱端连接时，宜选择在柱上端处并采用机械连接，接头面积百分率不宜大于50%。

（4）框架节点核心区不应设置框架柱纵向受力钢筋的连接接头。

（5）在同一层高内，柱纵向受力钢筋不宜设置两个和两个以上的接头。

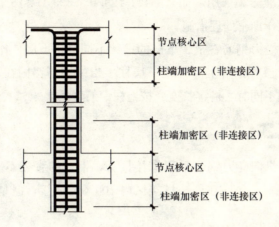

图1-27　框架柱纵向钢筋的非连接区

1.14　框架柱纵向受力钢筋绑扎接头的处理措施，钢筋根数变化处的锚固长度的处理措施

在抗震结构中框架柱纵向受力钢筋的连接宜采用机械连接接头，并应避开柱端箍筋加密区。在高层建筑中，根据现行《高层建筑混凝土结构技术规程》JGJ 3 的规定，当抗震等级为一级、二级和三级的底层，宜采用机械连接接头，也可以采用绑扎搭接和焊接的接头；三级抗震等级的其他部位和四级抗震等级，可以采用绑扎搭接和焊接接头。《规程》中规定的"宜"是表示有所选择，在有条件的情况下首先应这样做。焊接接头的质量较难以保证并在地震中易破坏，因此尽量不采用焊接连接的方式。

绑扎连接的方式施工比较简单，也是在当前工程中采用较多的连接方式。但是由于在抗震结构中要求不允许在非连接区域内接头，并且在绑扎接头的范围内柱的箍筋还需加密处理，不经济也增加了建筑的成本。但如果采用绑扎搭接接头时，除规范和规程中规定不宜采用绑扎搭接接头的区域外，可以采用此类接头,但要遵守一定的构造措施。现行《建筑抗震设计规范》GB 50011 中第六章规定,柱纵向钢筋的绑扎接头应避开柱端箍筋加密区。当施工图设计文件中未绘制钢筋的连接节点详图时,施工时可以按照有关的国家标准图集和地方标准图集采用,如 03G101-1 和 03G329-1 等图集,且在搭接长度内箍筋间距应作加密处理措施。

当柱中纵向受力钢筋在上、下层的根数不同时,下层柱比上层柱多出的钢筋应锚固在上层柱内;上层柱比下层柱多出的钢筋锚固在下层柱内。上、下柱的钢筋直径不同时,搭接长度应按上柱钢筋直径计。

处理措施

(1) 框架柱纵向受力钢筋采用搭接接头,钢筋的直径不大于 28mm 时,且无抗震设防要求,允许在同一搭接区内 100% 的搭接,但是搭接长度应满足 $1.6l_a$;

(2) 在有抗震设防要求,当钢筋的直径不大于 28mm 时,搭接的位置应错开,在两个区域内搭接。

(3) 钢筋直径大于 28mm 时,采用机械连接或焊接。

(4) 当柱中的纵向受力钢筋的总数为 4 根,无论是否有抗震要求,允许在同一搭接区域内搭接。

(5) 有抗震设防要求的框架柱,在纵向受力钢筋搭接的长度范围内箍筋应加密,其间距不大于 $5d$(d 为搭接钢筋直径较小者),且不大于 100mm;见图 1-28。

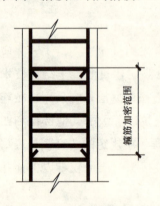

图 1-28 搭接范围内箍筋加密

(6) 当上、下柱的截面尺寸不同时,下柱的钢筋可以采用坡向连接;其坡度不宜大于 1∶6;见图 1-29。

(7) 当下柱的钢筋根数少于上柱时,下柱多出的钢筋应锚固在上柱内,锚固长度不小于 $1.2l_{aE}$ ($1.2l_a$) 见图 1-30。

(8) 当上柱的钢筋根数多于下柱时,上柱多出的钢筋应锚固在下柱内,锚固长度不小于 $1.2l_{aE}$ ($1.2l_a$),见图 1-31。

(9) 当上柱仅一侧尺寸比下柱减小时,下柱截断钢筋应在节点核心区内锚固,伸入节点核心区内的竖向长度不小于 $0.5l_{aE}$ ($0.5l_a$),上柱非贯通钢筋伸入节点核心区内的锚固长度不小于 $1.5l_{aE}$ ($1.5l_a$),见图1-32。

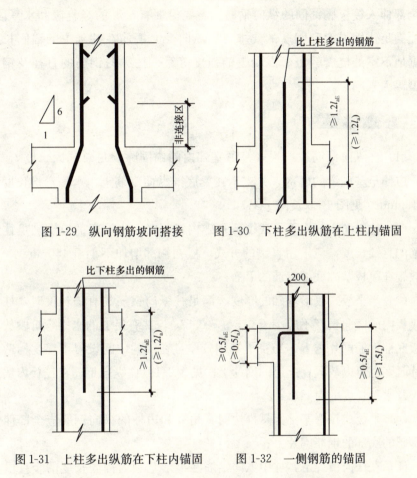

图1-29 纵向钢筋坡向搭接　　图1-30 下柱多出纵筋在上柱内锚固

图1-31 上柱多出纵筋在下柱内锚固　　图1-32 一侧钢筋的锚固

1.15 现浇钢筋混凝土柱纵向受力钢筋在筏形基础内的锚固长度及构造措施

筏形基础分为两种形式:平板式和梁板式。柱中的纵向受力钢筋的锚固长度应从筏板基础顶面或基础梁的顶面算起。无论梁板式筏形基础的梁是上反或下反，柱纵向钢筋都应插至基础梁的底部，并留有足够的弯折水平段便于施工绑扎固定。当平板式筏形基础的厚度较厚时，柱中的纵向钢筋应根据框架柱的位置，确定是否全部纵向钢筋均需伸至筏板底部锚固。不全部伸入筏板底锚固的纵向钢筋，需要保证有足够的竖直段和水平段后，才能满足锚固强度和刚度的要求。柱纵向受力钢筋在基础中的锚固长度应根据地下室的抗震等级、混凝土的强度等级、柱纵向钢筋的直径及钢筋的类型等因素确定。

处 理 措 施

（1）柱纵向钢筋在梁板式筏形基础内的锚固除满足总锚固长度 l_{aE}（l_a）外，应伸至基础梁的底部，并支承在梁底部纵向钢筋上。水平弯折长度不小于150mm。见图1-33及图1-34；

（2）柱纵向钢筋在平板式筏形基础内锚固时，当筏板的厚度满足柱纵向钢筋的直锚长度，应采用直锚的方式，但在端部增加不小于150mm水平段，并放置在筏板基础底部钢筋的上面；

（3）当平板式筏形基础的厚度不满足柱纵向钢筋的直锚长度时，柱钢筋在筏板内的竖向长度不应小于 $0.5l_{aE}$（$0.5l_a$），并有足够的水平弯折段放置在筏板底部钢筋网片之上，当筏板基础较厚且在板的中间设置了温度构造钢筋网片时，也可以放置在此层的网片上。见表1-1。柱纵向钢筋在筏板内锚固的竖直及水平长度的对照表；

（4）平板式筏形基础无悬挑边时，角柱和边柱的纵向钢筋应全部伸至筏板基础的底部的钢筋网片上；

（5）在任何情况下，柱中纵向钢筋在筏形基础内锚固长度的竖直段均不得小于 $0.5l_{aE}$（$0.5l_a$）。

竖向及弯折段长度要求　　　　　　　　　　　　表1-1

竖向直线长度	变折水平段长度
$\geqslant 0.5l_{aE}(0.5l_a)$	$12d$ 且$\geqslant 150mm$
$\geqslant 0.6l_{aE}(0.6l_a)$	$10d$ 且$\geqslant 150mm$
$\geqslant 0.7l_{aE}(0.7l_a)$	$8d$ 且$\geqslant 150mm$
$\geqslant 0.8l_{aE}(0.8l_a)$	$6d$ 且$\geqslant 150mm$

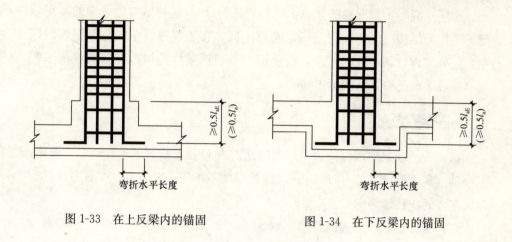

图 1-33　在上反梁内的锚固　　　　图 1-34　在下反梁内的锚固

1.16　如何区别柱、异形柱、剪力墙和短肢剪力墙的定义

在工程中经常遇到竖向构件要求按某种构件的构造规定进行构造措施，特别是对有抗震设防要求的竖向构件，不能正确的区分其构件的类别，往往在处理构造措施时选择的方法也不正确。普通的框架柱与异形框架柱在构造要求不完全相同，短肢剪力墙与框架柱构造要求也不相同，有时剪力墙结构中的小墙肢与短肢剪力墙、柱构造做法也不相同，正确的理解竖向构件的类别，避免在选择构造处理方式上的错误。

框架柱与剪力墙的区别在于构件截面的长边与短边的比值大小。现行的《混凝土结构设计规范》GB 50010 第十章中有明确的规定。短肢剪力墙与一般剪力墙中的区别，在现行的《高层建筑混凝土结构技术规程》JGJ 3 的第七章有明确的说明，它们的定义区别在墙肢截面高度与厚度之比的比值。

根据节能、环保等国家政策的实施，黏土烧结砖在许多地区被限制使用，因此许多多层建筑不能采用黏土烧结的砖砌体结构，而其他种类的烧结砖（如煤矸石、页岩、粉煤灰等）由于供应和价格等原因，而使多层砌体结构被现浇混凝土结构代替。在有抗震设防地区中，一种新的结构体系在多层建筑中被广泛采用，即异形柱框架结构、异形柱框架-剪力墙结构体系。2006 年我国颁布了《混凝土异形柱结构技术规程》JGJ 149，这种结构体系中的异形柱与普通框架结构的框架柱构造规定有所不同，在工程建设中应注意它们的区别，正确的理解异形柱的概念，避免因与普通框架柱的构造措施的规定不一致而造成采取处理方法的不正确。

正确的定义

（1）普通框架柱截面长边与短边的比值为1~4，截面形式有矩形、圆形、工字形（翼缘厚度不小于120mm，腹板厚度不小于100mm）、L形等，其比值大于4时应按墙考虑。

（2）异形框架柱的截面几何形状为L形、十字形、T形，各肢的肢高与肢厚比值不大于4。肢厚不小于200mm但不大于300mm，肢长不小于500mm。

（3）短肢剪力墙是指墙肢的截面高度与厚度之比为5~8的剪力墙。

（4）一般剪力墙是指墙肢的截面高度与厚度之比大于8的剪力墙。墙肢的长度不大于8m。

1.17 异形柱结构体系中，异形柱纵向受力钢筋及箍筋的构造要求

异形柱中的纵向受力钢筋连接接头，可采用焊接、机械连接或绑扎搭接。但接头位置宜在受力较小处。由于异形柱的截面较小，纵向受力钢筋的直径也并不大，因此采用机械连接的可能性偏小，因此现行《混凝土异形柱结构技术规程》JGJ 149 规定，当焊接连接的质量有保证的条件下，宜优先采用焊接。目的是方便钢筋的布置和施工。并有利于混凝土浇筑的密实性。

异形柱的纵向受力钢筋的保护层厚度，应符合现行的国家标准《混凝土结构设计规范》GB 50010 中的规定。由于较高强度等级的混凝土具有较好的密实性，考虑到《混凝土异形柱结构技术规程》JGJ 149 中的规定，异形柱截面尺寸不允许出现负偏差的要求，当处在一类环境且混凝土强度等级较高时，

保护层的最小厚度允许适当的减小。

在异形柱的截面内，纵向受力钢筋的直径宜相同，但是其直径也不宜过大和过小。异形柱肢厚有限，当纵向受力钢筋直径太大，会造成粘结强度不足及节点核心区钢筋设置困难。钢筋直径太小时，在相同箍筋间距的情况下，由于箍筋间距 s 与纵向受力钢筋直径 d 的比值增大，使柱的延性下降，故也不宜采用。因此在设计时或钢施工中要求钢筋代换的时候，要注意钢筋直径的选用问题。

根据对 L 形、T 形和十字形截面双向偏心受压柱截面上的应力及应变的分析表明：在不同弯矩作用方向角 a 时，截面任一端部的钢筋均可能受力最大，为适应弯矩作用方向角的任意性，纵向受力钢筋宜采用相同直径、同一强度等级的钢筋。

异形柱内的箍筋应采用复合封闭箍，箍筋端部的弯钩形式及弯钩端平直段长度要求与普通框架柱相同。但不允许采用有内折角的箍筋。有抗震设防要求的箍筋加密范围与普通框架柱相同。但对于三级抗震等级的角柱，箍筋加密取全高，这一点比普通框架柱箍筋加密要求更为严格。当异形柱中的纵向受力钢筋采用绑扎搭接接头时，搭接长度范围内箍筋应加密且要满足一定的构造要求。

处 理 措 施

（1）异形柱中的纵向受力钢筋的连接接头可采用焊接、机械连接或绑扎搭接，接头的位置宜设置在构件受力较小处。

（2）在层高范围内异形柱中的每根纵向钢筋接头数不应超过一个。

（3）处于一类环境且混凝土的强度等级不低于 C40 时，异形柱纵向受力钢筋的混凝土保护层最小厚度允许减少 5mm。

（4）在同一异形柱的截面内，纵向受力钢筋宜采用同一强度等级及相同的直径，其直径不应小于 14mm，也不应大于 25mm。

（5）异形柱应采用封闭式复合箍筋，见图 1-35，严禁采用有内折角的箍筋，见图 1-36。其末端应做成 135°的弯钩。

（6）当采用拉结钢筋与箍筋筋而形成的复合箍筋时，拉筋钢筋的端部应按箍筋的做法弯折成 135°弯折后平直段长度同箍筋，拉筋应紧靠纵向钢筋并钩住箍筋。

（7）当柱中的纵向受力钢筋采用绑扎搭接接头时，在搭接长度范围内箍筋的直径不应小于搭接钢筋较大直径的25%，箍筋间距不应小于搭接钢筋较小直径的5倍，且不应大于100mm。

图1-35 正确的箍筋形式　　　　　图1-36 带内折角的箍筋

1.18 异形柱结构体系中，柱纵向受力钢筋在顶层节点的锚固及顶层端节点钢筋在梁内搭接的处理措施

异形柱中的纵向受力钢筋在顶层的锚固长度，对于端节点柱的内侧钢筋及中间节点的纵向钢筋均应全部伸至柱顶，并可以采用直锚方式或伸至柱顶后分别向内、外弯折锚固，并应保证足够的弯折前的竖直长度和弯折后的水平投影长度。对弯弧的内半径也有最小值的控制要求。锚固在柱顶、梁、板内的长度均从梁底边缘处算起。

由于异形柱的截面比较小，在顶层端节点处，柱的纵向受力钢筋一般不采用"柱内搭接"方式而采用"梁内搭接法"。根据国家现行的《混凝土结构设计规范》GB 50010中规定并考虑异形柱的特点，《混凝土异形柱结构技术规程》JGJ 149对顶层端节点柱外侧纵向受力钢筋沿节点外边和梁上边与梁上部纵向钢筋的搭接长度要求，与普通框架柱的"梁内搭接法"不同，长度也有所增加。因柱及梁的截面较小，钢筋的根数也较少，因此，伸入梁内的柱外侧纵向受力钢筋的截面面积的百分率也有所调整。要特别注意，异形柱的顶层端节点的钢筋连接做法，与普通框架的做法是不一样的，施工时要注意异形柱框架与普通框架在此处做法的区别。

处理措施

（1）顶层端节点异形柱内侧的纵向受力钢筋和顶层中间节点处柱的全部纵向钢筋，均应伸至柱顶，当采用直线锚固方式时，锚固长度为 $l_{aE}(l_a)$。

（2）直线锚固长度不足时，可采用弯折锚固方式，可分别向内、外弯折。弯折前的竖直段投影长度不应小于 $0.5l_{aE}(0.5l_a)$，弯折后的水平段投影长度不应小于 $12d$，见图 1-37。

（3）钢筋的弯弧内半径，对顶层端节点和顶层中间节点分别不宜小于 $5d$ 和 $6d$（d 为纵向受力钢筋的直径）。

（4）顶层端节点处，异形柱外侧纵向钢筋可与梁上部纵向钢筋搭接（梁内搭接），搭接长度不应小于 $1.6l_{aE}$（$1.6l_a$），且伸入柱内边的长度不小于 1.5 倍的梁高，见图 1-38。（普通框架为 $1.5l_{aE}(1.5l_a)$）。且伸入梁内的柱外侧纵向钢筋截面面积不宜少于柱外侧全部纵向钢筋面筋的 50%（普通框架为 65%）。

（5）在梁宽范围以外的柱外侧纵向钢筋可伸入现浇板内，伸入长度应与伸入梁内的长度相同（普通框架为：其余柱外侧钢筋当水平弯折段位于柱顶第一层时，伸至柱内边向下弯 $8d$ 后截断；当位于第二层时，伸至柱内边后截断）。

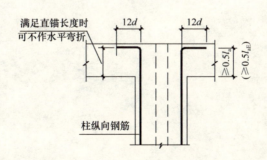

图 1-37　中柱在顶层的弯折锚固

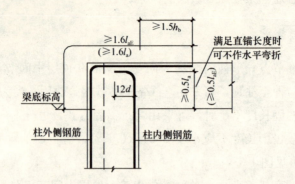

图 1-38 边柱与梁上部纵向钢筋搭接

第二章 剪力墙构造处理措施

2.1 剪力墙外侧水平分布钢筋在转角处搭接处理措施

在剪力墙的转角处及端部都设有端柱或者边缘构件，边缘构件的箍筋间距都比较密集，当剪力墙的厚度较小时，在剪力墙转角的阳角处，如果墙的外侧水平分布钢筋在此范围搭接，会造成钢筋在此位置太密，使混凝土对钢筋不能很好的形成"握裹力"，"握裹力"的降低使两种材料不能共同工作，而使该部位的承载能力达不到设计要求，结构的整体安全性就会受到影响。施工中宜尽量避免在此处搭接连接。通常的构造要求水平分布钢筋在剪力墙的阳角以外搭接连接，这种做法会给施工带来一定的困难，但是可以保证结构的安全。根据现行的《混凝土结构设计规范》GB 50010 第 10 章的规定，在剪力墙转角的阳角处，外侧水平分布钢筋应在墙端外角处弯入翼墙，并与翼墙外侧水平分布钢筋搭接连接。

当剪力墙的厚度较厚时也可在边缘构件内搭接连接。但要注意的是，在剪力墙转角处，当边缘构件与墙的厚度相同时，边缘构件或暗柱不是剪力墙的支座，而是墙体的一部分，它与剪力墙的端部设置端柱的情况不同，因此水平分布钢筋在边缘构件内的搭接连接应满足搭接长度的要求，而不是锚固长度的要求。将此概念搞清楚后，水平钢筋的搭接连接和锚固的概念就清楚了。结构的整体安全除需要正确的计算分析等因素外，还要靠合理的构造措施作保证。

处理措施

（1）在剪力墙转角的阳角处，外侧水平分布钢筋不宜在边缘构件内搭接连接，在边缘构件以外搭接连接时，上、下层水平分布钢筋应错开，同排水平分布钢筋的搭接接头之间的距离,以及上、下相邻水平分布钢筋的搭接接头沿水平方向的距离均不宜小于 500mm。搭接长度为 $1.2l_{aE}$ ($1.2l_a$),见图2-1。

(2)正交剪力墙的内侧水平分布钢筋应伸至边缘构件的远端,并在边缘构件中的竖向分布钢筋内侧作水平弯折,弯折后的水平段投影长度不小于 $15d$ (d 为水平分布钢筋的直径)。见图 2-1。

(3)非正交剪力墙外侧水平分布钢筋也应在暗柱外搭接连接,其做法同正交剪力墙。剪力墙的内侧水平分布钢筋应伸至剪力墙的远端,在墙竖向钢筋内侧水平弯折。从墙的内折点算起总长度不小于 $l_{aE}(l_a)$。见图 2-2。

(4)当剪力墙的厚度较厚时,剪力墙中的水平分布钢筋也可在边缘构件内搭接连接,其长度从墙的内角算起不小于 $l_{lE}(1.2l_l)$。见图 2-3。

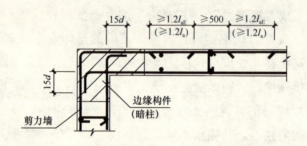

图 2-1 水平分布钢筋在转角处搭接

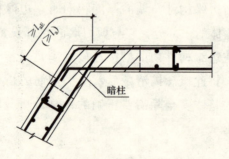

图 2-2 非正交转角水平分布钢筋处理

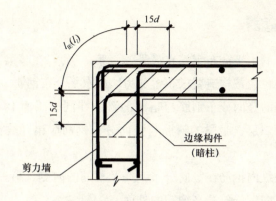

图 2-3 较厚墙转角处水平分布钢筋搭接

2.2 当剪力墙竖向及水平分布钢筋遇到暗梁或楼层梁时，钢筋摆放位置的处理措施

根据现行的《建筑抗震设计规范》GB 50011 的规定，在框架-剪力墙的体系中，剪力墙的周边应设置边框梁（或暗梁），与剪力墙端柱组成带边框的剪力墙。剪力墙是此类结构体系在抗震时起到第一道设防的主要抗侧力构件。一般施工图设计文件均把与剪力墙重合的框架梁保留，也有些设计图把此处的框架梁设计成与剪力墙同宽的暗梁，暗梁的高度为同一剪力墙厚度的 2 倍，或与该片框架梁高度相同。暗梁的配筋一般是按框架梁的抗震等级的最小配筋率要求构造配置的，因此纵向钢筋不会很密集。

为了施工绑扎钢筋的方便，一般施工图设计文件中都把墙中的水平分布钢筋放在最外侧，而竖向分布钢筋位于水平分布钢筋的内侧。暗梁的箍筋与墙的竖向分布钢筋在同一层面上，暗梁作为剪力墙中的一部分，是剪力墙在楼层的加强带，不是一般意义上的受弯构件，其钢筋的保护层厚度可不按一般的梁要求，可与墙的分布钢筋相同。对于梁的宽度大于墙的厚度时，墙中的竖向分布钢筋从梁内穿过，梁和墙应各自满足相应构件钢筋保护层的厚度要求。当梁的宽度与墙厚相同时（暗梁），钢筋宜分层摆放（由外至内）。

处理措施

（1）剪力墙的水平分布钢筋在最外侧（第一层），在暗梁箍筋的外侧。在暗梁高度范围内也应按构造要求布置剪力墙的水平分布钢筋。见图 2-4。

（2）剪力墙的竖向分布钢筋与暗梁的箍筋在同一层面上，在水平分布钢筋的内侧，即第二层。暗梁的箍筋与竖向分布钢筋应错开放置，在水平方向不能重叠。

（3）暗梁的纵向钢筋在竖向分布钢筋及箍筋的内侧（第三层），不应将暗梁中的上、下纵向钢筋放置在箍筋的外面。

（4）当梁宽大于剪力墙的厚度时，剪力墙中的水平分布钢筋从梁内穿过，不得截断。保护层的厚度应按相应的环境类分别满足最小保护层厚度的要求。

（5）当剪力墙一侧与框架梁平齐时，平齐一侧按剪力墙的水平分布钢筋间距要求设置，另一侧不平齐按构造要求设置梁的腰筋或剪力墙的水平分布钢筋。图 2-5。

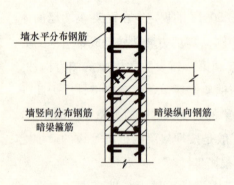

图 2-4 与墙同厚度的暗梁

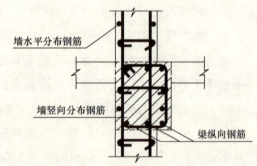

图 2-5 一侧与墙平齐的边框梁

2.3 剪力竖向分布钢筋遇顶层梁或暗梁时，钢筋的构造处理措施

在剪力墙楼层或屋面处中设置边框梁或暗梁，是现行《建筑抗震设计规范》GB 50011 对框架-剪力墙结构体系的规定，在剪力墙结构体系中通常无此构造要求。在顶层设置暗梁的剪力墙，暗梁作为剪力墙中的一部分，

因不能把屋面板理解为是剪力墙的顶部支座,所以剪力墙中的竖向分布钢筋在顶层不是锚固问题。虽然竖向分布钢筋伸入顶板需要满足锚固长度的要求,也不能看作在顶板内的锚固,而是竖向钢筋在顶板内的连接措施的构造要求。

对于有边框端柱,顶板处有框架梁的剪力墙,剪力墙中的竖向分布钢筋可伸入到顶层的框架梁内锚固。

处理措施

(1)剪力墙中竖向分布钢筋遇顶层暗梁时,其竖向分布钢筋应穿过暗梁在顶板内与楼板上部钢筋连接。伸入顶板内的长度应不小于 $l_{aE}(l_a)$ 的构造要求;

(2)竖向分布钢筋伸入顶层楼板的连接长度,应从楼板底边算起,而不是从暗梁的底部算起。顶层端节点的做法见图 2-6,顶层中间节点的做法见图 2-7;

(3)墙中竖向分布钢筋应伸至顶层楼板的上部后再水平弯折;

(4)设有边框的剪力墙,当框架梁剪力墙重合且宽度大于剪力墙时,剪力墙中的竖向分布钢筋在中间楼层穿过框架梁,在顶层可锚固在顶层的框架梁内。

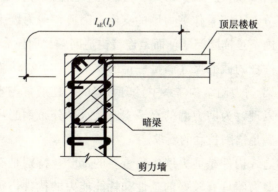

图 2-6 顶层端节点的做法

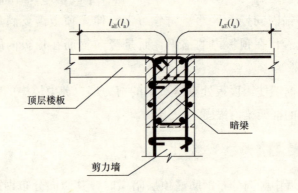

图 2-7 顶层中间节点的做法

2.4 剪力墙的端部和阳角处设置了边缘构件（暗柱），墙中的水平分布钢筋在边缘构件中的处理措施

根据现行的《建筑抗震设计规范》GB 50011 规定，剪力墙的端部及洞口两侧均要设置边缘构件。剪力墙中的边缘构件分为两种，即约束边缘构件和构造边缘构件。当边缘构件的宽度及翼缘墙的厚度与剪力墙相同时，通常称之为"暗柱"，设有"暗柱"的剪力墙与设有边框柱的剪力墙不同，"暗柱"是剪力墙的一部分，不能看作剪力墙的支座，因此，剪力墙中的水平分布钢筋伸入"暗柱"内不是锚固问题，而是连接构造问题。而设有边框柱（端柱）的剪力墙，当边框柱的截面尺寸满足一定的要求时，可以认为边框柱是剪力墙的支座，在框架-剪力墙结构体系中，剪力墙的端柱通常与本层的框架柱断面尺寸相同，可以理解为剪力墙的水平支座，水平分布钢筋可以锚固在边框端柱内，并需要满足锚固长度的要求。

剪力墙中的边缘构件是剪力墙中很重要的部分，特别是剪力墙的约束边缘构件，是保证剪力墙具有较好的延性和耗能能力的构件，正确地按构造要求处理连接处的合理性，使剪力墙在水平荷载（或地震）作用下能够有效正常地工作，确保结构的安全，成为有效的抗侧力构件。

在剪力墙结构体系中，对于一字形剪力墙端部的"暗柱"及洞口两侧的"暗柱",根据现行的《混凝土结构设计规范》GB 50010 第 10 章的规定,在无抗震设防要求时,水平分布钢筋伸至墙端后水平弯折,弯折后的水平段为 $10d$。而有抗震设防要求时,通常的做法要求将水平段适当加长。当剪力墙的端部设有翼缘墙时,水平分布钢筋应伸至翼缘墙的外边,并分别向两侧水平弯折后截断。这些做法和要求是根据工程经验和有关试验确定的。

处理措施

(1)剪力墙的水平分布钢筋应与"暗柱"的箍筋放置在同一层面上,不应重叠放置。"暗柱"中的纵向钢筋与墙中的竖向分布钢筋在内侧,并在同一层面上。

(2)剪力墙的水平分布钢筋应伸至一字形墙端部或洞口两边的"暗柱"内,伸入"暗柱"内的长度不应按锚固长度计,应伸至"暗柱"远端竖向钢筋的内侧水平弯折,非抗震时弯折后水平段的投影长度为 $10d$,有抗震设防要求时应加长至 $15d$。见图 2-8。

(3)当剪力墙的端部有翼缘墙时,水平分布钢筋应伸至翼缘墙的远端,在竖向钢筋的内侧向两侧水平弯折,弯折后的水平段投影长度不小于 $15d$。见图 2-9。

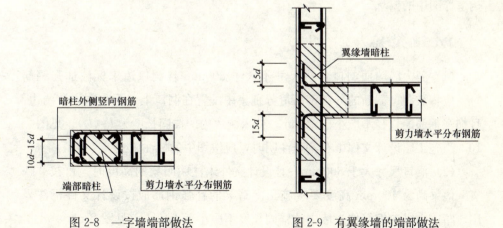

图 2-8 一字墙端部做法　　　　图 2-9 有翼缘墙的端部做法

2.5 剪力墙墙面洞口边的补强钢筋标注问题，剪力墙连梁中部预留圆洞时补强钢筋的做法处理措施

根据现行《高层建筑混凝土结构技术规程》JGJ 3 中的规定，剪力墙中的洞口边均需要设置补强钢筋。一般当剪力墙开有非连续的小洞口，且设计整体计算不考虑小洞口的影响时，洞边应设置构造补强钢筋。当前各设计院基本对现浇钢筋混凝土结构均采用国家标准设计图集 G101 系列图集制图规则（简称"平法"）绘制施工图设计文件。采用"平法"绘制施工图给设计单位带来了很大的方便，通常的构造节点做法均在标准构造详图中，如墙体开洞的加强钢筋做法，一般都要求施工时按标准构造详图施工。

《混凝土结构施工图平面整体表示方法制图规则和构造详图》（03G101-1）图集中规定，当墙面洞口的各边尺寸不大于 800mm 时，而设置构造补强钢筋既为"缺省"标注。当洞口尺寸大于 800mm 时则需在洞口的上、下各设置加强的暗梁。图集中规定对暗梁高度的"缺省"标注值为 400mm。剪力墙中圆洞口边的补强钢筋不适应"缺省"标注。施工时应准确地理解图集的规定和构造详图中的要求。

处 理 措 施

（1）剪力墙墙面洞口各边尺寸不大于 800mm 且洞口边未标注加强钢筋时，应将被洞口截断的分布钢筋量分别集中配置在洞口上、下和左、右两边，且加强钢筋的直径不应小于 12mm。伸入洞边内的锚固长度为 $l_{aE}(l_a)$。见图 2-10。当施工图设计文件中有特殊注明时，应按图中的标注施工。

（2）洞口尺寸大于 800mm，且设计文件未注明暗梁的高度时，可按"缺省"值梁高为 400mm 高度要求施工。暗梁的补强钢筋应按设计文件标注采用。暗梁内纵向钢筋伸入墙内的锚固长度不应小于 $l_{aE}(l_a)$。见图 2-11。

（3）圆洞口边的补强钢筋做法应按 03G101-1 图集中相关构造详图的相关要求。

(4) 剪力墙连梁中部的预留圆洞宜预埋套管，洞口边的加强钢筋及箍筋应按设计文件要求配置。洞边的纵向加强钢筋伸至洞边以外的长度不小于 l_{aE} (l_a)。见图 2-12。

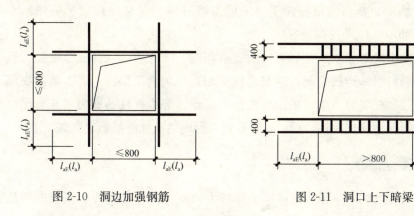

图 2-10　洞边加强钢筋　　　　图 2-11　洞口上下暗梁

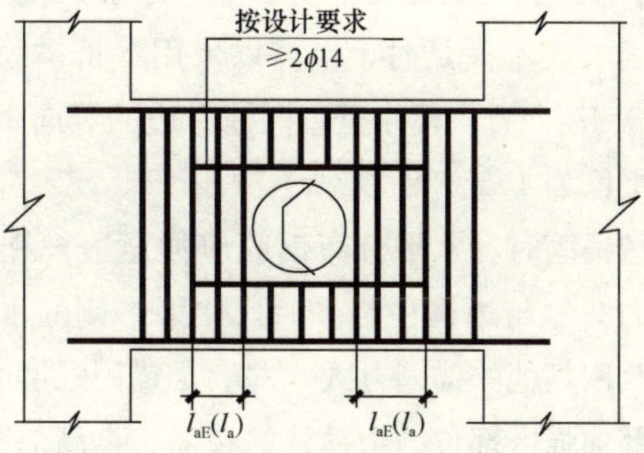

图 2-12　连梁中部预留圆洞

2.6　带有端柱剪力墙水平分布钢筋在端柱内锚固要求，端柱箍筋的构造配置措施

在框架-剪力墙结构体系中，剪力墙的端部均设置有边框柱（端柱），边框柱的截面尺寸一般都与本楷框架其他柱相同。为使边框柱对剪力墙能起到约束作用，其宽度应不小于两倍剪力墙的厚度，边框柱的截面高度应不小于截面的宽度。剪力墙中的水平及竖向分布钢筋的直径一般也不会很大，通常会小于墙厚的 1/10。根据现行《高层建筑混凝土结构技术规程》JGJ 3

第8章的规定，剪力墙中的水平分布钢筋在边框柱内的锚固做法与伸入暗柱或其他边缘构件的做法不同，可以在边框柱内锚固。当水平分布钢筋的直径较大或边框柱的截面高度较小时，也可以采用弯折锚固和机械锚固，但当剪力墙的一侧与边框柱相平时，剪力墙外侧（与边框柱相平一侧）水平分布钢筋不适用采用机械锚固。

边框柱中的箍筋做法与框架柱的要求相同。当在剪力墙的底部加强区及剪力墙的洞口紧邻边框柱时，应对边框柱加强抗剪构造措施，剪力墙的底部加强区的边框柱属剪力墙约束边缘构件，而当紧邻边框柱的剪力墙开有洞口时，会使边框柱形成短柱，对抗震更不利，因此边框柱的箍筋宜全高加密。

处理措施

（1）剪力墙的水平分布钢筋应全部锚入边框柱内，当直线锚固长度满足 l_{aE}（l_a）时，水平分布钢筋的端部可不设弯钩。见图2-13。

（2）当水平锚固长度不满足时，也可以采用弯折锚固，分布钢筋弯折前的水平段应不小于 $0.4l_{aE}$（l_a）且伸至边框柱对边的竖向钢筋内侧再进行水平弯折，弯折后的水平段为 $15d$。见图2-14。

（3）当采用机械锚固时，水平分布钢筋应伸至边框柱的对边再做机械锚固头。但当剪力墙的一侧与边框柱相平时，相平一侧的水平分布钢筋不适合采用机械锚固，应改用其他的锚固方式，并满足锚固强度的要求。

（4）剪力墙底部加强区部位的边框柱的箍筋宜全高加密。

（5）带边框剪力墙上的洞口紧邻边框柱时，边框柱的箍筋宜全高加密。

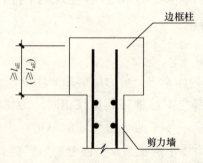

图2-13　水平分布钢筋在边框柱内直线锚固

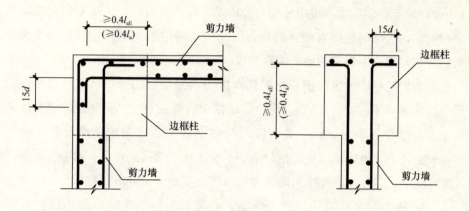

图 2-14 水平分布钢筋在边框柱内弯折锚固

2.7 剪力墙中要求拉结钢筋需拉住两个方向的分布钢筋,暗柱则要求必须拉住主筋和箍筋,是否可以仅拉结主筋而不拉结箍筋,施工时造成拉结筋端部的保护层厚度不足甚至露筋的处理措施

根据现行有关的规范和规程要求,构件中的拉结钢筋应拉结纵向受力钢筋,其目的是保证受力钢筋和剪力墙中分布钢筋在设计位置上的构造措施。构件保护层最小厚度的规定,是为保证构件在使用年限内的耐久性。剪力墙中的拉结钢筋其作用与柱、梁等构件中的单肢箍筋是不同的,剪力墙中的拉结钢筋是按构造要求设置的钢筋,而梁、柱中的单肢箍筋是根据计算要求配置的受力钢筋,因此保护层厚度的要求也不同。

现行《混凝土结构设计规范》GB 50010 中对不同构件纵向受力钢筋的保护层最小厚度的规定,是对受力钢筋保护的最低厚度的要求,且是强制性的规定,对板、墙、壳中的分布钢筋保护层厚度也明确地规定为:不应小于受力钢筋最小保护层厚度减 10mm,且不应小于 10mm。对梁、柱中的箍筋和构造钢筋的保护层厚度不应小于 15mm。构件中受力钢筋的最小保护层厚度不但与混凝土的强度等级有关,也与构件的使用环境类别有关。当板、墙和壳的混凝土强度等级大于C25时，受力钢筋的最小保护层厚度在一类环境时为15mm，二a和二b类环境中分别为20～25mm。剪力墙中的水平和竖向均为分布钢筋，拉结钢筋均为构造钢筋，因此剪力墙中的水平和竖向分布及拉结钢筋应满足规范中规定的最小构造要求。

剪力墙暗柱中的纵向钢筋保护层厚度应满足墙竖向分布钢筋的最小保护层厚度要求（不含剪力墙的边框柱）。暗柱中的箍筋及拉结钢筋也应满足规范规定最小厚度的规定。在一类环境时拉结钢筋的端部保护层厚度会不满足10mm的要求，但如果绑扎定位严格则不会出现端部露筋现象；而在二a和二b类环境中，暗柱中的拉结钢筋基本可以满足不小于10mm的要求。

梁、柱中的单肢箍筋是受力钢筋，必须满足规范规定的最小保护层的构造要求。规范中的规定是对构件纵向受力钢筋的最小保护层要求，且是强制性条文，施工时必须要满足；剪力墙中的拉结钢筋必须同时拉住两个方向的分布钢筋，暗柱中的拉结钢筋应拉住箍筋和竖向分布钢筋。

处理措施

（1）保证拉结钢筋的端部保护层厚度不小于10mm，墙中的分布钢筋保护层的厚度稍有增加。见图2-15。

（2）剪力墙中暗柱中（约束边缘构件或构造边缘构件）的纵向钢筋，应满足墙分布钢筋的最小保护层厚度要求。见图2-16。

（3）剪力墙中暗柱中箍筋保护层厚度不应小于15mm，拉结钢筋的端部保护层厚度也应满足不小于10mm的要求。

（4）普通梁、柱中的单肢箍筋应拉住纵向受力钢筋，其最小保护层厚度不应小于15mm。见图2-17。

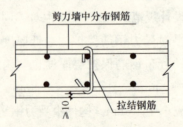

图2-15 墙中拉结钢筋保护层厚度

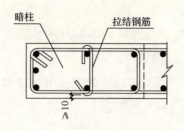

图 2-16 暗柱拉结钢筋保护层厚度

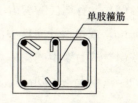

图 2-17 单肢箍筋做法

2.8 剪力墙中第一根竖向分布钢筋距边缘构件（暗柱或端柱）的距离如何确定，第一根水平分布钢筋距结构面的距离

剪力墙的端部或洞口边都设置有边缘构件，当边缘构件是暗柱或翼缘柱时，它们是剪力墙的一部分，不能作为单独构件来考虑；剪力墙中第一根竖向分布钢筋距暗柱的距离，应根据设计间距整体考虑。将排列后的最小间距放在靠边缘构件处，也可以按照设计的间距排布。要注意边缘构件的范围，特别是约束边缘构件与构造边缘构件的纵向钢筋配置范围是不同的，剪力墙的竖向分布钢筋应从边缘构件外开始布置。有端柱（边框柱）的剪力墙，与剪力墙端部设置暗柱是不同的，端柱是剪力墙的边框约束，而且水平分布钢筋可以在边框柱内锚固，因此，剪力墙中的竖向分布钢筋按墙中设计间距整体安排后，距端柱第一根竖向分布钢筋的最大间距不大于 100mm，并应满足设计间距的要求。

剪力墙水平分布钢筋，应按设计的要求整体摆放，根据整体安排后将最小间距置于距楼板结构标高处，距楼板上、下结构面（基础顶面）的距离不大于 100mm。

处理措施

(1) 剪力墙中设有暗柱或翼缘柱时，竖向分布钢筋根据施工图设计文件中标注的间距要求，整体排布水平和分布钢筋的间距。

(2) 边缘构件为暗柱时，将墙中的竖向分布钢筋整体排布后，把最小的间距放在靠暗柱处,也可以按设计间距排,见图2-18。

(3) 设有端柱的剪力墙,墙内第一根竖向分布钢筋距端柱的距离不大于100mm,或按设计文件中注明的间距施工,见图2-19。

(4) 剪力墙中的第一根水平分布钢筋,距结构楼板的上、下面或基础顶面的距离不大于100mm,或按设计文件中注明的间距施工。

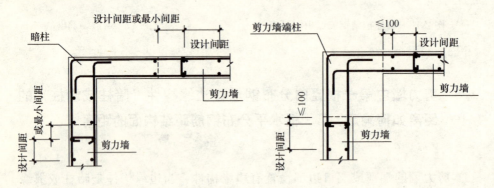

图2-18 竖向分布钢筋距暗柱距离　　图2-19 竖向分布钢筋距端柱距离

2.9 剪力墙中竖向和水平分布钢筋的最小锚固长度如何确定,分布钢筋采用搭接连接时,其搭接部位和搭接间距离的要求

无抗震设防要求构件中的受力钢筋最小锚固长度l_a,是根据现行《混凝土结构设计规范》GB 50010中的规定公式经计算确定的;受力钢筋的锚固长度与钢筋的种类、钢筋的直径、钢筋的外形系数和混凝土强度等级等因素有关;有抗震设防要求的构件,受力钢筋的最小锚固长度l_{aE}还要考虑抗震设防等级。

剪力墙中的水平和竖向分布钢筋伸入基础和边框梁、柱中的长度应是锚固问题,且竖向分布钢筋在中间层遇边框梁时应穿过不应锚固,在顶层边框梁中可以锚固。当顶层的边框梁是暗梁时,竖向钢筋不能锚固在暗梁内,而应伸至顶板的上皮水平弯折,并从板下皮算起满足锚固长度的要求。水平分布钢筋应全部伸入剪力墙的端柱(边框柱)中锚固。当剪力墙的端部是暗柱或翼缘柱时，剪力墙的水平分布钢筋伸入暗柱或翼缘柱内的长度，是钢筋的连接问题而不是锚固的要求。虽然很多构造要求满足锚固长度的规定，但是从概念上不应理解为是锚固的要求，而是构件连接钢筋的构造措施。

为方便施工，国家标准设计 03G101 系列图集构造详图中列出了锚固长度 l_{aE} 和 l_a 的表格，施工时不必再计算可直接选用。

剪力墙中竖向分布钢筋和水平分布钢筋的搭接位置和长度，是根据现行《高层建筑混凝土结构技术规程》JGJ 3 的有关条文作出的相应规定（通常在高层建筑中，设置剪力墙作为抗侧力构件），它与剪力墙中的边缘构件及其他构件搭接位置、搭接长度的要求是不完全同的，不应该把不同的构件构造要求混淆。

处理措施

(1) 剪力墙中分布钢筋的最小锚固长度，可按国家标准设计 03G101 系列图集中的相应表格采用，在任何情况下锚固长度不得小于 250mm，当分布钢筋采用 HPB235 级钢筋时，端部应设置 180°弯钩，且弯钩应向内垂直墙面。

(2) 剪力墙中分布钢筋的直径大于 28mm 时，不得采用搭接连接。

(3) 抗震等级为一、二级剪力墙底部加强区部位，竖向分布钢筋的接头位置应错开，错开的净距不宜小于 500mm，每次连接的钢筋数量不宜超过总量的 50%；其他剪力墙的竖向分布钢筋可以在同一部位搭接。

(4) 剪力墙中分布钢筋的搭接长度，非抗震设防时为 $1.2l_a$，有抗震设防时为 $1.2l_{aE}$。

(5) 水平分布钢筋的内外侧及上下层应错开搭接，错开的净距不宜小于 500mm，每次连接的钢筋数量不宜超过总量的 50%。见图 2-20。

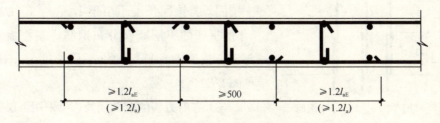

图 2-20 水平分布钢筋的搭接连接

2.10 剪力墙中的竖向分布钢筋在楼层上、下交接处，钢筋直径或间距改变时，在该处竖向分布钢筋连接的构造措施

由于剪力墙的截面尺寸和竖向分布钢筋配筋率的变化，在楼层上、下层的交接部位会出现竖向分布钢筋的直径或间距有所改变的情况，在剪力墙的底部加强区与非加强区的交接处、在剪力墙的变截面等部位经常会遇到此类情况。竖向分布钢筋的直径相同而间距不同时，可在楼层处绑扎搭接连接；而钢筋的间距不同及在墙的变截面处，应本着"能通则通"的原则，可以贯通的钢筋尽量的贯通，而不能贯通的竖向分布钢筋可以在楼层处弯折锚固处理。上部竖向分布钢筋与下层的竖向分布钢筋的直径和间距不同时，可根据实际情况，按抗震设防等级和连接方式，按普通剪力墙中的竖向分布钢筋的连接和锚固要求处理。

处理措施

(1) 剪力墙的竖向分布钢筋，当上、下层的间距相同而直径不同时，一、二级抗震等级剪力墙的加强部位，接头位置应错开，每次连接的钢筋数量不宜超过总数量的50%，错开净距不宜小于500mm；其他情况剪力墙的竖向分布钢筋可在同一部位连接。

绑扎搭接长度不应小于 $1.2l_{aE}$ （$1.2l_a$），且按上部钢筋的直径计，见图 2-21。

(2) 竖向分布钢筋上、下层的间距不同而直径相同时，下部钢筋应能通则通，差额的上层竖向分布钢筋应在下层墙中锚固，其锚固长度不小于 $1.5l_{aE}$ （$1.5l_a$）。不能贯通的下层竖向分布钢筋应在楼板上部弯折锚固，弯折后的水平段长度为 $15d$。见图 2-22。

(3) 在剪力墙的变截面处，可采用下层竖向分布钢筋在楼层处连接，上层剪力墙的竖向

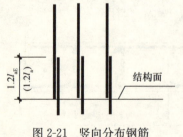

图 2-21 竖向分布钢筋在楼层处搭接连接

分布钢筋锚入下层剪力墙中的做法。也可以采用下层竖向分布钢筋弯入上层墙内的方法与上层钢筋搭接,其弯折坡度应不大于1∶6。见图2-23。

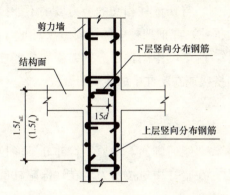

图2-22　楼层上下非贯通竖向钢筋的连接

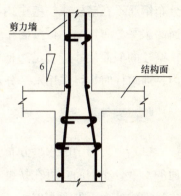

图2-23　坡向连接做法

2.11　剪力墙中水平分布钢筋在暗柱、扶壁柱两侧直径和间距不同或墙宽不同时,连接或锚固处理措施

通常在暗柱或扶壁柱两侧的剪力墙中的水平分布钢筋的直径和间距应该是相同的,扶壁柱两侧的剪力墙的宽度也不应有较大的变化,扶壁柱通常是因构造要求而设置。如果由于在剪力墙上设置垂直于墙的次梁,为防止集中荷载对剪力墙产生平面外的弯曲,考虑到次梁纵向钢筋的锚固长度的要求,或构造要求保证剪力墙的平面外的稳定,剪力墙肢与平面外的楼面梁连接时,为减小梁端部弯矩对墙的不利影响等原因而采取措施,应在集中荷载处设置剪力墙扶壁柱。当不能设置扶壁柱时,可在剪力墙中与楼面梁的相交处设置暗柱或在必要时在墙内设置型钢。扶壁柱和暗柱中的纵向钢筋都是按计算要求配置的。在高层建筑中,根据《高层建筑混凝土结构技术规程》JGJ 3 的规定,楼面梁与剪力墙连接时,梁内的纵向钢筋应深入墙内并可靠地锚固。为保证梁纵向钢筋在墙内的锚固长度,设计时常采取设置扶壁柱和暗柱的措施。根据国家标准设计图集03G101-1的制图规则规定,扶壁柱与其他柱的代号是不同的。设计文件中会注明。

因在剪力墙上部有较大的集中荷载或非正交的剪力墙交叉处等原因,而设置暗柱。当遇到暗柱或扶壁柱两侧墙的厚度、水平分布钢筋的直径或间距不同的特殊情况时，水平分布钢筋应本着"能通则通"的原则；尽量使水平分布钢筋不在暗柱或扶壁中内连接或锚固。与扶壁柱相交的剪力墙中不能拉通的水平分布钢筋，可按墙在端柱（边框柱）或框架柱中的锚固做法，此时，扶壁柱的截面尺寸应满足边框柱的要求，两侧墙中的钢筋分别锚固在扶壁柱内；遇暗柱时，可采用水平分布钢筋的搭接或在暗柱中的连接的做法。

处理措施

（1）剪力墙中的水平分布钢筋应本着"能通则通"的原则，部分不能拉通的水平分布钢筋，可在扶壁柱中锚固。在暗柱中应按剪力墙在端部暗柱的连接方式处理。见图 2-24。

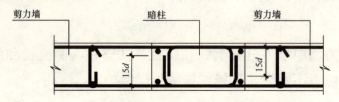

图 2-24　在暗柱中的连接做法

（2）当两侧的钢筋直径不同而间距相同时，可按墙水平分布钢筋的搭接方式处理。

（3）扶壁柱两侧的剪力墙的宽度不同时，水平分布钢筋可弯折通过。也可以将差额的钢筋锚固在扶壁柱中，但扶壁柱的截面尺寸需满足剪力墙边框柱的要求。见图 2-25。

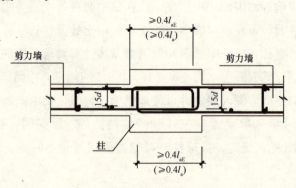

图 2-25　在扶壁柱中的锚固做法

2.12 剪力墙身中的竖向分布钢筋，在连接部位的要求及搭接、焊接及机械连接的处理措施

剪力墙中竖向分布钢筋的连接构造要求，根据抗震墙的抗震等级、钢筋的连接部位、竖向钢筋直径等因素不同，处理的方式和构造要求也是不一样的。在施工图设计文件中会注明抗震墙的抗震等级及底部加强区的部位和加强区的高度，施工时应按施工图设计文件的规定而采取相应的构造措施。对于竖向钢筋，在某些情况下可以在同一部位搭接连接，并不需要按接头百分率计算搭接长度，统一按 $1.2l_{aE}$（$1.2l_a$）固定搭接长度采用，这点与其他构件纵向钢筋搭接的要求是不同的。而对于一、二级抗震等级的抗震墙加强区部位，竖向分布钢筋接头应错开连接，不应在同一部位连接。当竖向分布钢筋的直径大于 28mm 时，不宜采用绑扎搭接连接。

处 理 措 施

（1）根据施工图设计文件中注明的抗震墙的抗震设防等级、底部加强区部位，确定竖向分布钢筋的连接方式。

（2）抗震等级为一、二级的剪力墙的底部加强区部位，竖向分布钢筋应错开搭接，搭接长度为 $1.2l_{aE}$，错开的净距不宜小于 500mm，见图 2-26。

（3）抗震等级为一、二级抗震墙的非加强区部位、三、四级及非抗震的剪力墙，竖向钢筋可在同一部位搭接，其搭接长度为 $1.2l_{aE}$（$1.2l_a$），见图 2-27。

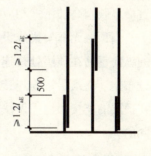

图 2-26 钢筋错开搭接

（4）采用光面钢筋时，竖向分布钢筋端部应设置 180°弯钩，弯钩应垂直墙面的内侧。

（5）当钢筋直径大于 28mm 时，宜采用机械连接、焊接或搭接加焊接的连接方式，连接接头位置应错开。接头位置应设置在结构面以上 500mm 处，错开的净距不宜小于 $35d$，见图 2-28。

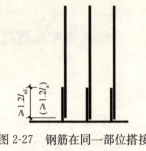
图 2-27 钢筋在同一部位搭接

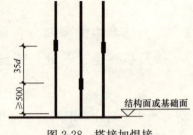
图 2-28 搭接加焊接

2.13 剪力墙的端柱及小墙肢中纵向钢筋在顶层处锚固的处理措施

在框架-剪力墙的结构体系中,剪力墙的端部都设有边框柱(端柱),由于建筑的功能要求在剪力墙面上会开洞,因此会使部分剪力墙洞间的墙肢形成小墙肢。剪力墙中的小墙肢系指截面的高度与宽度之比小于5的独立墙肢。小墙肢虽然是剪力墙的一部分,但在水平地震作用下,它的破坏形态是弯曲的,因此在有抗震设防的建筑中需要按框架柱的构造要求采取加强处理措施。根据现行的《高层建筑混凝土结构技术规程》JGJ 3 的规定,在高层建筑中,当墙肢的截面高度与宽度之比不大于 3 时,小墙肢宜按框架柱设计,箍筋还宜沿墙肢全高加密。相应的构造措施也应按框架柱的要求处理。

当顶层无框架梁或设置了剪力墙的暗梁时,剪力墙的边框柱及小墙肢中的纵向钢筋在顶层处是连接不是锚固,应按框架柱纵向钢筋及剪力墙中竖向分布钢筋在顶层钢筋连接的构造要求处理。当顶层有框架梁时,应按框架柱在顶层的连接和锚固做法;要注意在顶层的边节点和中间节点的做法是不相同的。

处 理 措 施

(1) 位于中部的剪力墙边框柱、剪力墙的小墙肢中的竖向钢筋,当在顶层处有框架梁时,若满足直锚长度可采用直锚的方式;若直锚的长度不足时可以采用弯折锚固的方式,弯折前的竖直段不小于 $0.5l_{aE}$ ($0.5l_a$),弯折后的水平段为 $12d$,锚固长度从框架梁的底部算起。见图 2-29 和图 2-30。

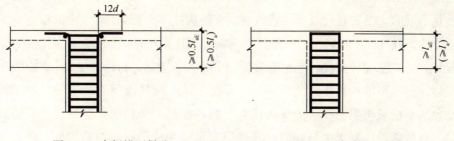

图 2-29 弯折锚固做法　　图 2-30 直线锚固做法

(2) 位于中部的剪力墙边框柱、剪力墙的小墙肢中的竖向钢筋，当在顶层处无框架梁，或设置了剪力墙中的暗梁时，应将竖向钢筋伸入屋面板的上部后水平弯折，总长度从屋面板下边缘算起不小于 l_{aE}（l_a）。

(3) 当剪力墙的边框柱、小墙肢位于剪力墙的端部和角部时，其纵向钢筋应按框架柱的构造要求，在顶层端节点的连接方式可选用"梁内连接"（图 2-31），或"柱内连接"的方式（图 2-32）。

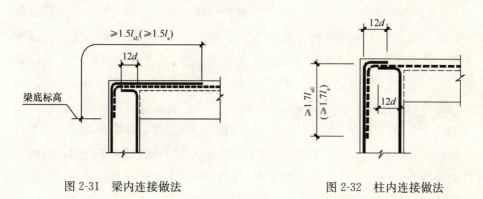

图 2-31 梁内连接做法　　图 2-32 柱内连接做法

2.14 在施工图设计文件中，剪力墙由于开洞而形成的梁，在图中标注的不是连梁(LL—)，而是框架梁(KL—)时的构造处理措施

在剪力墙上开洞形成的上部梁应是连梁，而不是框架梁。在剪力墙结构、框架-剪力墙体系中凡是墙中开洞而形成的梁均应为剪力墙连梁，而在框架和

框架-剪力墙结构体系中与框架柱相连的梁是框架梁，连梁和框架梁的构造措施是不同的，根据现行《高层建筑混凝土结构技术规程》JGJ 3 中的规定，当连梁的跨高比＜5 时应按连梁设计和构造，当连梁的跨高比≥5 时宜按框架梁设计。施工图设计文件可能是因为规程中的这条规定，将跨高比≥5 剪力墙连梁标注为框架梁；当连梁的跨高比＜5 时，竖向荷载作用下产生的弯矩比较小，水平荷载作用下产生的反弯使它对剪切变形十分敏感，容易产生剪切裂缝。有抗震设防要求的抗震墙，其连梁需采取相应的抗震构造措施。而当跨高比≥5 时，竖向荷载作用下的弯矩所占的比例较大，宜按框架梁设计。但在构造处理上也应符合抗震墙连梁的抗震构造措施要求。

连梁纵向钢筋在支座内的锚固长度除满足锚固长度 l_{aE}（l_a）外，还应满足锚固长度不小于 600mm 的构造要求。这一点与框架梁在支座内的锚固长度要求是不同的，连梁的箍筋应沿全长加密，且顶层连梁在支座处、连梁纵向钢筋的锚固长度范围内还应配置箍筋。而框架梁在顶层支座内不需要配置箍筋，仅在框架梁的两端设置箍筋加密区。在施工图设计文件中由于连梁的跨高比≥5，而将剪力墙中的连梁标注为框架梁时，施工时应与设计人员沟通具体做法，箍筋是否全跨加密及纵向受力钢筋在支座内的锚固做法等。这两种梁的构造要求是有很大的区别的；不能因标注的不同改变梁的性质及构造做法。

剪力墙的连梁按框架梁采用的构造措施未必是安全的。按照"平法"绘制的施工图设计文件，根据国家标准设计图集 03G101-1 中的制图规定，剪力墙的连梁（LL—××）与框架梁（KL—××）的构件代号是不同的，两种构件的构造详图也是有很大区别的。因此在施工中应注意两者的区别，不能盲目地选用不正确的构造措施。

处理措施

（1）当剪力墙开洞后上部的连梁（LL—××）在施工图设计文件标注为框架梁（KL—××）时，除图中标注的截面尺寸、配筋外，构造要求应按连梁执行。

（2）连梁纵向钢筋伸入洞边墙内的锚固长度除要满足不小于 l_{aE}（l_a）外，还应满足不小于 600mm 的长度要求。见图 2-33。

（3）跨高比≥5 的连梁被标注为框架梁时，除满足框架梁的构造要求外，还应满足连梁的构造要求。

(4) 顶层剪力墙连梁被标注为框架梁时，连梁的纵向钢筋伸入洞边墙内的锚固长度与楼层相同，在支座纵向钢筋的锚固长度范围内还应设置箍筋，间距不大于150mm，箍筋的直径与连梁的相同。见图2-34。

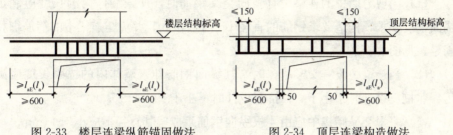

图 2-33　楼层连梁纵筋锚固做法　　　图 2-34　顶层连梁构造做法

2.15　在剪力墙中的连梁中，设置了斜向交叉钢筋及暗撑的构造处理措施

在剪力墙和框架-剪力墙的结构体系中，当剪力墙的抗震等级为一、二级，连梁的跨高比不大于2且连梁的宽度不小于200mm时，还应在连梁中设置斜向交叉构造钢筋，其目的是提高连梁的延性，并减缓在地震作用下非弹性变形阶段的刚度退化。试验证明，连梁中配置斜向交叉钢筋具有更好的抗剪性能。跨高比小于2的连梁，由于在地震时难以满足强剪弱弯的要求，因此配置斜向交叉钢筋是作为改善连梁抗剪性能的构造措施，在设计时未作为受剪承载力的一部分。

按现行的《高层建筑混凝土结构技术规程》JGJ 3规定，在筒体结构体系中的高层建筑，跨高比不大于2的框筒梁和内筒连梁宜采用交叉暗撑，跨高比不大于1的框筒梁和内筒连梁应采用交叉暗撑。在水平地震力的作用下，这些连梁的端部反复承受正负弯矩和剪力，所以必须加强箍筋和在连梁中设置交叉暗撑，其暗撑要承担全部剪力；不能用加大箍筋的直径代替交叉钢筋和暗撑的作用；也不能采用弯起钢筋的方法用以承担正、负剪力。要求设置暗撑的连梁宽度应大于300mm，暗撑的斜向钢筋在连梁内交叉放置，并且需要配置箍筋。因连梁有足够的宽度，施工不会太困难。

施工图设计文件中均会标注斜向钢筋、暗撑的纵向钢筋和箍筋。除满足强度计算配置钢筋外，还应满足构造要求。

处 理 措 施

（1）当剪力墙中的连梁设有斜向交叉钢筋时，伸入墙体内的长度应满足锚固长度要求，构造要求钢筋的直径不小于14mm，并应与连梁中的箍筋绑扎固定。见图2-35。

（2）当连梁中设有交叉暗撑时，其纵向钢筋伸入墙体内的锚固长度应满足：非抗震设计时不小于l_a，抗震设计时不小于l_{aE}（$1.15l_a$）。

（3）每根交叉暗撑中应由4根纵向钢筋组成，其直径不应小于14mm。

（4）两个方向斜撑的纵向钢筋均应用矩形封闭箍筋或螺旋箍筋绑扎成一体。箍筋的间距不应大于200mm与连梁宽度一半的较小值。

（5）交叉暗撑的端部设置箍筋加密区，其长度不应小于600mm与连梁截面宽度2倍的较大值，见图2-36。加密区的箍筋间距不应大于100mm。

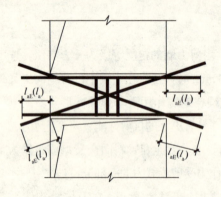

图 2-35　连梁中斜向交叉钢筋

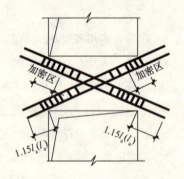

图 2-36　连梁中设有交叉暗撑

2.16　剪力墙中的水平分布钢筋遇连梁时的处理措施，当连梁中的水平腰筋与墙中的水平分布钢筋不同时的处理措施

在剪力墙中设置的连梁一般跨高比都较小，在水平力的作用下剪切变形

较大。设计和施工时均应妥善地处理。现行的《高层建筑混凝土结构技术规程》JGJ 3 中强制性规定，墙体内的水平分布钢筋应作为连梁的腰筋在连梁的范围内拉通连续配置。因此墙内的水平分布钢筋遇连梁时不可以截断。当连梁的高度不大于 700mm，且施工图设计文件中无特殊要求时，墙中的水平分布钢筋可以兼作连梁的腰筋，在连梁范围内拉通。而当连梁的高度不小于 700mm，墙中的水平分布钢筋的直径较小时，就不能兼作连梁的腰筋拉通连续配置，而应满足规程中的最小构造要求单独设置并与墙中的水平分布钢筋搭接连接。当连梁的跨高比不大于 2.5 时，梁两侧构造钢筋（腰筋）的面积配筋率不应小于 0.3%。

处理措施

（1）连梁的截面高度不大于 700mm，且施工图设计文件无特殊要求时，梁的两侧腰筋按剪力墙水平分布钢筋拉通连续布置，见图 2-37。

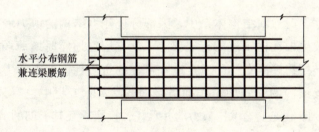

图 2-37 连梁腰筋的设置

（2）腰筋的拉结钢筋应交错布置，其间距为箍筋间距的 2 倍，并应隔一拉一设置。腰筋的竖向间距不大于 200mm。腰筋应设置在连梁箍筋的外侧，上、下纵向钢筋应设置在箍筋内，连梁剖面图见图 2-38。

（3）当连梁的截面高度不小于 700mm 时，腰筋的直径应不小于 10mm，间距不大于 200mm。

（4）当墙中水平分布钢筋不能作为连梁腰筋拉通连续布置而需要单独设置时，腰筋伸入墙内的长度应满足锚固长度 l_{aE}（l_a）的要求，并与墙中的水平分布钢筋绑扎搭接连接，上、下层应错开搭接，搭接长度为 $1.2l_{aE}$（$1.2l_a$），水平错开的净距不小于 500mm。见图 2-39。

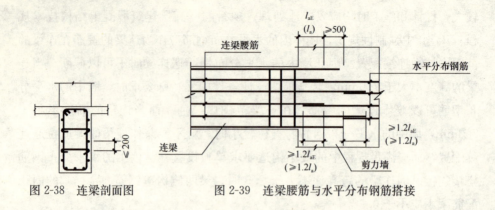

图 2-38　连梁剖面图　　　图 2-39　连梁腰筋与水平分布钢筋搭接

2.17　部分框支剪力墙结构体系中，不落地剪力墙竖向分布钢筋在框支梁内锚固的构造处理措施

在部分框支剪力墙结构体系中，因部分抗侧力结构的剪力墙不能落在基础上，而需要生根在框支层的框支梁上，框支层在地震时属薄弱部位，为保证框支层的转换构件框支梁的安全度和可靠的抗震性，框支剪力墙的竖向分布钢筋在框支梁内的锚固均需作加强处理。在实际工程中也有采用框支主、次梁方案的，即框支主梁承托剪力墙并承托转换次梁及其上部的剪力墙。框支梁上部相邻的剪力墙属剪力墙的底部加强区，在此范围内剪力墙的端部有较大的应力集中区，按计算结果会在此处增加水平和竖向分布钢筋；此范围为距框支柱边 $0.2l_n$（l_n 为框支梁净跨）的区段内的柱上部墙体，加大配筋的目的是保证分布钢筋与混凝土共同承担竖向压力。在框支梁上部相邻剪力墙部位的一定高度范围内，根据计算结果水平分布钢筋的实际配筋率也会比其他部位大。此范围为从框支梁顶面向上 $0.2l_n$ 的高度范围。图 2-40 中阴影部分即是水平和竖向分布钢筋的加强范围。

由于框支层在地震时是薄弱部位，也是上部相邻剪力墙的生根位置，还是施工时的水平施工缝位置，因此对剪力墙中的竖向分布钢筋在框支梁中的锚固要求应该更高。为了防止墙在水平施工缝处发生滑移，增强水平施工缝处墙的抗滑移能力，剪力墙的竖向分布钢筋需要采用 U 形插筋。当考虑了剪力墙的水平施工缝处摩擦力的有力影响，墙的端部及竖向分布钢筋不能满足抗滑移强度要求时，根据计算还要另配置附加插筋，附加插筋应在框支梁内和上部相邻的剪力墙中有足够的锚固长度。框支主梁及次梁上部相邻的剪力墙，均为剪力墙的底部加强区部位，剪力墙的竖向分布钢筋的连接不应在同一部位搭接连接，应按剪力墙底部加强区的构造要求分批搭接连接。

> **处理措施**

（1）框支梁上部相邻剪力墙的竖向加强分布钢筋，应配置在距框支柱边 $0.2l_n$ 的宽度范围内并伸至上层结构面顶部；水平分布加强钢筋应配置在框支梁上部相邻剪力墙中从梁顶面向上 $0.2l_n$ 的高度范围内。见图 2-40。

（2）框支梁内上部相邻剪力墙的竖向分布钢筋的插筋，应采用 U 形钢筋并伸至框支梁的底部锚固。见图 2-41。

（3）当框支梁中另设有附加加强竖向插筋时，插筋应在框支梁和上部相邻剪力墙内的锚固长度不小于 l_{aE}（l_a）。见图 2-42。

（4）剪力墙的竖向分布钢筋应按剪力墙底部加强区的构造要求分批搭接。

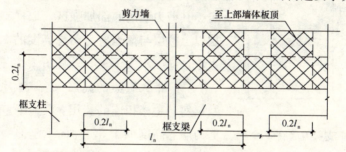

图 2-40 水平、竖向分布钢筋的加强部位

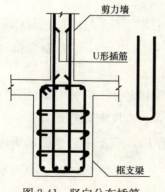

图 2-41 竖向分布插筋

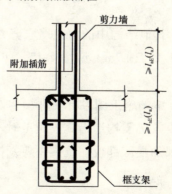

图 2-42 附加加强竖向分布钢筋的锚固

2.18 有抗震设防要求的抗震墙及框架-抗震墙结构体系，抗震墙底部加强区的高度规定和构造要求

在地震区的建筑中，当设置剪力墙时，剪力墙均设置底部加强区，其范围包括底部塑性铰范围及其上部的一定范围。在此范围内采取增加边缘构件的箍筋和增加墙体内的横向分布钢筋等必要的抗震加强措施，其目的是避免在剪力墙的底部发生脆性的剪切破坏，改善整个结构的抗震性能。抗震墙边缘构件在底部加强区部位均应为约束边缘构件。无抗震设防要求的建筑中的剪力墙不设置底部加强区。现行的《建筑抗震设计规范》GB 50011 中对不同结构体系中抗震墙底部加强区有明确的规定。

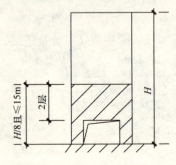

图 2-43 框支剪力墙底部加强区

(1) 部分框支剪力墙体系：部分框支剪力墙通常在高层建筑中比较常见，属复杂高层建筑。其剪力墙的底部加强区，取框支层加框支层以上两层与落地剪力墙总高度的 1/8 中的较大值且高度不大于 15m；见图 2-43。

(2) 带大底盘的高层（含筒体结构体系）及裙房与主楼相连的高层：取地下室顶板以上剪力墙总高度的 1/8，并向下延伸一层到地下一层。高出大底盘顶板或裙房至少一层。见图 2-44。

(3) 其他结构中的剪力墙取剪力墙肢总高度的 1/8 与底部两层中的较大值且不大于 15m。见图 2-45。（注：图中斜线部分示剪力墙底部加强区）

工程中的施工图设计文件结构设计总说明中均会注明剪力墙底部加强区的高度及抗震构造措施，施工时不需按规范中的规定自行计算。由于剪力墙底部加强区部位在抗震中要发挥重要的作用，施工中应该引起更多的关注。

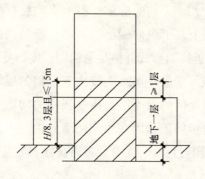
图2-44 带裙房的剪力墙底部加强区

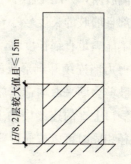
图2-45 普通剪力墙底部加强区

处理措施

（1）按施工图设计文件中规定的剪力墙底部加强区采取相应的构造措施，且满足墙内竖向、水平分布钢筋的搭接方式规定。

（2）在一、二级抗震等级的剪力墙底部加强区及相邻的上一层设置的边缘构件为约束边缘构件。

（3）底部加强区剪力墙约束边缘构件以外的墙体拉结钢筋，应比其他部位稍密，应按施工图设计文件中的构造要求适当地加密，通常拉结钢筋的间距应小于600mm。

（4）约束边缘构件中的箍筋和拉结钢筋的间距，应满足：一级抗震等级时不大于100mm，二级抗震等级时不大于150mm。

（5）无抗震设防要求的剪力墙通常不设置底部加强部位。

2.19 剪力墙端部为小墙肢时，连梁纵向钢筋在端部的锚固措施；对于连续洞口形成的小墙肢时，连梁中的纵向钢筋和腰筋的处理措施

剪力墙设置洞口时，洞边均设置了边缘构件。通常要求端部因开洞而形成的小墙肢截面高度应不小于墙厚度的4倍。当小墙肢的截面高度小于4倍的墙宽时，应按框架柱采取构造措施，洞口上的剪力墙连梁中的纵向钢筋应

锚固在墙肢内，并满足不小于锚固长度 l_{aE}（l_a）的要求。由于小墙肢在剪力墙的端部且墙肢的长度较小，连梁中的上、下纵向钢筋在端部小墙肢内的锚固长度不能满足直锚长度时，可采用弯折锚固形式并满足总锚固长度的要求。

当剪力墙连续开洞形成的洞间墙肢，墙肢的截面高度大于 5 倍的墙厚度可按短肢剪力墙采取构造措施，而小于 4 倍的墙厚度需按框架柱的构造措施处理。洞口上部的连梁中的上、下纵向钢筋需锚固在中间的墙肢内，纵向钢筋的直径相同时可以拉通设置，直径不同时可按较大直径贯通设置。

处理措施

（1）连梁中上、下纵向钢筋在端墙肢内不满足直线锚固长度时，可采用弯折锚固，锚固总长度不小于 l_{aE}（l_a），并宜将上部弯折钢筋的竖直段伸至连梁的底部，下部弯折钢筋的竖直段伸至连梁的顶部。见图 2-46。

（2）连续开洞的剪力墙中间墙肢上部的连梁，当墙肢的长度分别满足连梁纵向钢筋的锚固长度时，上、下纵向可分别锚固在墙肢内。当在墙内锚固长度重叠且钢筋的根数相同时，可贯通连续设置。而当纵向钢筋的直径不同时可按较大直径连续贯通设置。见图 2-47。

（3）连梁中的腰筋需锚固在墙肢内并满足锚固长度的要求，当连梁的高度大于 700mm 且单独配置了腰筋时，腰筋可在相邻的连梁内贯通设置，在中间墙肢内的水平分布钢筋可以取消，以腰筋代替，但腰筋的直径应大于水平分布钢筋，间距不大于水平分布钢筋。

（4）当墙肢按框架柱设计时，墙肢内在连梁高度范围内也应设置箍筋。端部及中间小墙肢的截面高宽比≤3 时，墙肢内的箍筋应全高加密。在连梁高度范围内布置的墙肢箍筋也应按加密区要求的间距布置。

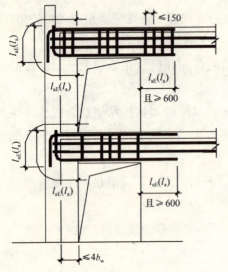

图 2-46 上、下纵筋弯折锚固

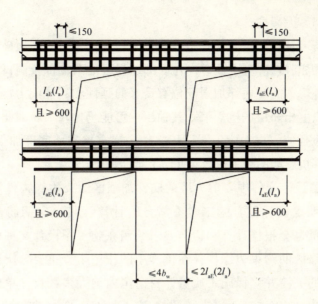

图 2-47　在中间墙肢连续通过

2.20　剪力墙中约束边缘构件的设置部位、沿墙肢的长度、纵向钢筋和箍筋配置的构造要求

有抗震设防要求的建筑中的剪力墙，根据现行《建筑抗震设计规范》GB 50011 的规定，抗震墙的两端和洞口的两侧应设置边缘构件。由于一、二级抗震等级的剪力墙底部相对受压区的高度和轴压比较大，因此在底部加强区设置约束边缘构件，在地震时抗震墙才能具有良好的塑性变形能力。其塑性变形能力除与纵向钢筋的配置等有关外，还与截面的形状、截面相对受压区的高度或轴压比、抗震墙两端的约束范围、约束范围内箍筋配置特性值有关。当截面相对受压区高度或轴压比较小时，即使不设置约束边缘构件，抗震墙也具有较好的延性和耗能能力。

当截面相对受压区高度或轴压比超过一定值时，就需要设置较大范围的约束边缘构件、配置较多的箍筋。约束边缘构件的形式包括暗柱、短柱和翼墙等。抗震墙的翼墙长度小于墙厚的 3 倍或端柱截面边长小于 2 倍墙厚时，应视为无翼墙、无端柱。

一般抗震墙及开洞抗震墙在地震作用下，其连梁首先屈服破坏，然后墙肢的底部钢筋屈服，混凝土压碎。在底部加强区的两端部及洞口的两侧设置约束边缘构件，才能使底部加强部位有良好的延性和耗能能力；考虑到底部加强区部位以上相邻层的抗震墙，其轴压比可能仍比较大，因此要求将约束边缘构件向上延伸一层。施工图设计文件会规定抗震墙底部加强区的高度，也会要求底部抗震墙的约束边缘构件向上延伸一层。

在施工图设计文件中，剪力墙的底部加强区约束边缘构件沿墙肢的长度 l_c 均会有明确的标注，施工时不需自行计算。其纵向钢筋及体积配箍率，设计人员也会根据计算和构造要求绘制在施工图设计文件中。由于剪力墙底部加强区的约束边缘构件在抗震中的作用十分重要，所以在施工中应给与更多的关注并确保施工质量。目前国内绝大多数设计单位均按国家标准设计图集"03G101-1"的制图规则（平法）绘制剪力墙的施工图，约束边缘构件及构造边缘构件均有特定的代号。倘若未按图集规定的代号标注，通常在结构总说明中均会特殊的注明；若没有明确注明时，应与设计工程师沟通，避免理解不一致，造成施工的错误以致影响整体结构在地震作用下的安全性。

处 理 措 施

（1）对于抗震墙结构，当为一、二级抗震等级时，其底部加强部位及相邻上一层墙的两端设置的边缘构件应为约束边缘构件；当轴压比较小时也可以是构造边缘构件。按"平法"制图规则绘制的施工详图中，约束边缘构件的代号以"Y"开头。构造边缘约束构件的代号以"G"开头。

（2）对于部分框支抗震墙结构，一、二级落地抗震墙底部加强区及相邻的上一层的两端、洞口的两侧设置约束边缘构件。抗震墙的两端为翼缘墙或端柱时，应符合约束边缘构件的尺寸要求。不落地的抗震墙底部加强部位及相邻的上一层的墙肢两端设置的也应是约束边缘构件。

（3）一、二级抗震等级时，约束边缘构件内箍筋的直径不小于8mm，箍筋的间距分别不应小于100mm和150mm。箍筋的配置范围为图2-48～图2-51的阴影区，约束边缘构件墙肢长度 l_c 内阴影部分以外范围中可采用箍筋和拉结钢筋。见图2-48~图2-51。

（4）约束边缘构件纵向钢筋配置在下列图中的阴影范围内。一、二级抗震等级时分别不小于6ϕ16和6ϕ14；

（5）各种约束边缘构件的截面尺寸及阴影部分见图2-48~图2-51。

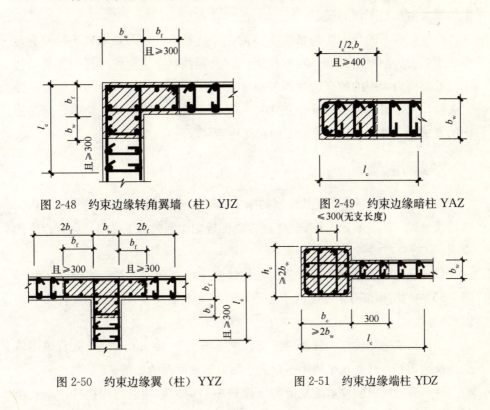

图2-48 约束边缘转角翼墙（柱）YJZ

图2-49 约束边缘暗柱 YAZ

图2-50 约束边缘翼（柱）YYZ

图2-51 约束边缘端柱 YDZ

2.21 剪力墙中构造边缘构件的设置部位、其纵向钢筋和箍筋配置的构造要求

根据现行《建筑抗震设计规范》GB 50011 的规定，抗震墙的两端和洞口的两侧应设置边缘构件，其目的是改善在地震作用下剪力墙肢的延性性能。除一、二级抗震等级剪力墙底部加强区部位及其以上一层的墙肢端部设置约束边缘构件以及施工图设计文件有特殊要求加强的部位外，其他部位及三、

四级抗震等级和非抗震设计的剪力墙的墙肢端部、洞口两侧设置的均为构造边缘构件，构造边缘构件的沿墙肢的长度规范中也有相应的规定，其中的纵向钢筋在设计时要满足受弯承载力的要求，并应配置在规定的构造边缘构件范围内，施工图设计文件中都会注明，箍筋的无支长度及拉结钢筋的水平间距的最大值也有限制的规定。

有抗震要求的剪力墙是结构主体的主要抗侧力构件，要求其不但要有足够的承载力、刚度还要有一定的耗能能力及延性，边缘构件起到很重要的作用，除对剪力墙中的约束边缘构件应非常重视外，对构造边缘构件也应有很大关注，由于目前施工图设计文件均采用"平法"的制图规则绘制，除按图中的要求施工外，还应注意规定的相应构造要求。

处 理 措 施

（1）按"平法"制图规则绘制的施工详图中，剪力墙中的构造边缘约束构件的代号以"G"开头；未按"平法"制图规则绘制的施工详图，会有相应的说明。

（2）纵向钢筋应配置在构造边缘构件规定的范围内，其范围见图 2-52～图 2-55 中的阴影部分，施工时不必重新计算其截面尺寸，施工图文件中有明确的标注。

（3）构造边缘构件中箍筋的无支长度不应大于 300mm，转角处宜采用箍筋、拉结钢筋，最大水平间距不应大于纵向钢筋间距的 2 倍。

（4）有抗震设防要求的复杂高层建筑中的剪力墙构造边缘构件，不宜全部采用拉结钢筋代替箍筋的做法，宜采用箍筋或箍筋与拉结钢筋结合的形式。

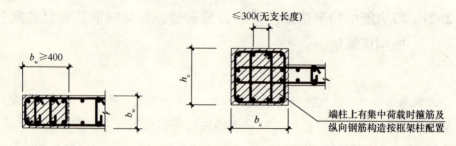

图 2-52　构造边缘暗柱 GAZ　　　图 2-53　构造边缘端柱 GDZ

(5) 构造边缘构件的端柱有集中荷载时，其纵向钢筋和箍筋宜按框架柱的相应构造要求设置。

(6) 各种构造边缘构件的截面尺寸及阴影部分见图 2-52～图 2-55。

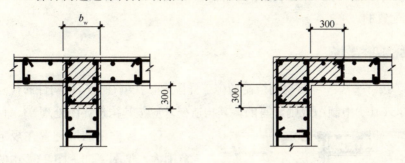

图 2-54　构造边缘翼（柱）GYZ　　图 2-55　构造边缘转角翼墙（柱）GJZ

2.22　剪力墙中非边缘构件的暗柱、扶壁柱等竖向构件的作用及构造处理措施

在剪力墙中除墙两端及洞口两侧均需设置边缘构件外，也会在墙中设置暗柱、扶壁柱等构件。根据研究表明，边缘构件中设置箍筋可以改善混凝土的受压性能，增强剪力墙的延性和耗能能力，对有抗震设防要求的建筑起到很重要的作用。墙中设置的暗柱、扶壁柱等竖向构件不属剪力墙的边缘构件，而在设计中也要按构造要求设置，它们与边缘构件的作用不同，因此构造要求也不一样。

剪力墙的特点是平面内的刚度大、承载力高，而平面外的刚度相对较小，当剪力墙与平面外的楼面梁相连时，会产生平面外的弯矩，特别是当梁高大于墙厚的 2 倍时，梁端的弯矩对剪力墙的平面外的稳定更为不利。根据现行的《高层建筑结构混凝土技术规程》JGJ 3 中的规定，为了控制剪力墙平面外的弯矩，当剪力墙的墙肢与其平面外方向的楼面梁连接时，应采取措施减小梁端弯矩对墙的不利影响。采用的办法很多，如沿梁轴线方向设置与梁相连的剪力墙，抵抗该平面外的弯矩。当因建筑的平面功能要求而不能设置剪力墙时，可以在墙与梁相交处设置扶壁柱。而当在设计中设置扶壁柱也有困难时，应在墙中设置经过计算确定配筋的暗柱。特殊情况下可在该处设置型钢。

根据规定,应采取设置附壁柱或暗柱的措施之一。

当剪力墙为十字交叉时,在交叉的重叠部分应按构造要求设置暗柱。非正交剪力墙的转角处也应设置暗柱。扶壁柱及暗柱中的配筋均为满足结构计算需要配置的。

处 理 措 施

(1) 按"平法"制图规则绘制的施工详图中,扶壁柱及暗柱构件的代号是遵照 03G101-1 中制图规则编写的,其构造要求应按其构造详图处理。

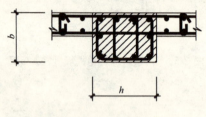

(2) 纵向钢筋应配置在规定的范围内,见图 2-56～图 2-58 中的阴影部分。

(3) 扶壁柱及暗柱中纵向钢筋的连接及锚固与框架柱构造要求相同。

(4) 柱内箍筋是否需要加密应按设计文件要求,其加密范围与框架柱构造要求相同。

图 2-56 扶壁柱 FBZ

(5) 暗柱、扶壁柱的截面范围见图 2-56～图 2-58 中的阴影部分。

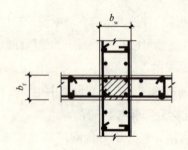
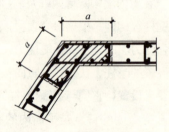

图 2-57 十字交叉墙中的暗柱 AZ　　　　图 2-58 非正交墙中的暗柱 AZ

2.23 剪力墙中开洞在上、下楼层布置不规则出现局部错洞时,边缘构件中纵向钢筋的锚固处理措施

有抗震设防要求的建筑的剪力墙,当墙面布置有不规则的局部错洞

时，设计中均会在上、下层对齐的洞口边设置贯通的边缘构件，还在不能对齐的洞口边分别设置非贯通边缘构件。边缘构件中的纵向钢筋应在结构主体中进行可靠的锚固和连接，并在洞口边采取有效的构造措施，才能使被削弱的部位得以有效地增强。不能向上延伸的边缘构件中的纵向钢筋应向下延伸一层。当边缘构件中的纵向钢筋不能向下延伸时，应可靠地锚固在下层洞口的连梁中。当下部有局部开洞时，边缘构件的纵向钢筋应锚固在上、下楼层的墙体内。

03G101-1 图集的构造详图中未表达墙体错洞的构造措施，施工时不能套用规则洞口的构造措施，施工图设计文件中对墙体错洞的构造做法应该有构造详图。也可以参考其他国家和地方标准图集中的相应构造做法。无抗震设防要求的剪力墙，其做法可参考有抗震设防要求的做法，其锚固长度 l_{aE} 改为 l_a。

处 理 措 施

（1）当洞口边的边缘构件不需要向上贯通时，纵向钢筋应伸入上层墙体内锚固，其锚固长度应不小于 $1.5l_{aE}$（$1.5l_a$）的要求。

（2）当边缘构件不能向下贯通时，其纵向钢筋遇下层连梁，伸入的长度应满足锚固长度并加 $6d$ 直钩；伸入的直线长度不满足 l_{aE}（l_a）时，可采用水平弯折，弯折后的水平段≥$6d$ 且满足总长度 l_{aE}（l_a）的要求。

（3）当边缘构件不能向上贯通时，其纵向钢筋伸至连梁顶部，伸入的长度应满足锚固长度并加 $6d$ 直钩，伸入的直线长度不满足 l_{aE}（l_a）时，可采用水平弯折，弯折后的水平段≥$6d$ 且满足总长度 l_{aE}（l_a）的要求。

（4）错洞口剪力墙的约束边缘构件，应向下延伸一层，纵向钢筋应锚固在底层楼板以下的墙体内。

（5）当底层墙体中有局部开洞时，洞边的边缘构件中的纵向钢筋应各自锚入上、下层楼板墙体内，并满足锚固长度 l_{aE}（l_a）的要求。

（6）施工图采用"平法"绘制的详图，未绘制错开洞剪力墙边缘构件纵向钢筋锚固做法见图 2-59。

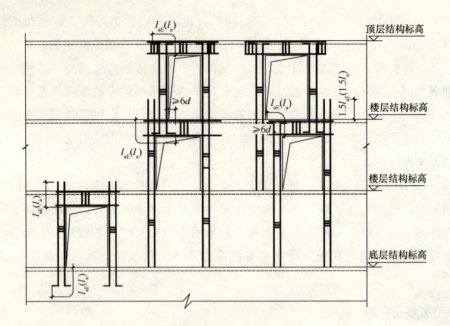

图 2-59　错洞剪力墙边缘构件的构造做法

2.24　当剪力墙中的洞口在上、下楼层均设置时，采用填充墙形成不规则的布置叠合错洞时的构造处理措施

剪力墙洞口的布置，会极大地影响剪力墙的力学性能，规则开洞、洞口成列、成排的布置，能形成明确的墙肢和连梁，又可以与当前普通应用的程序计算简图较为符合，设计结果安全可靠。因此将剪力墙上、下层布置的叠合错洞改为规则洞口，而用填充墙砌筑成满足建筑要求的叠合错洞的做法，是结构工程师为防止开洞后墙肢内力交错传递和局部应力集中的一种设计方法，也是防止在地震作用下墙肢发生剪切破坏的设计处理措施。将处理后的规则洞口按建筑的使用要求，将多余出的部分采用砌体填充而形成满足建筑功能使用要求的洞口。

在填充墙边应设置构造柱与砌体拉结，洞口上连梁钢筋的锚固及箍筋做法与普通的连梁相同，要注意的是填充墙边设置的构造柱的纵向钢筋在上、下层的锚固与构造柱箍筋的加密及构造柱与填充墙的拉结做法。正确的构造措施可以使剪力墙在地震作用下满足承载力及刚度的要求，也能使剪力墙能发挥好耗能性能和有足够延性，满足大震不倒的设计思想。

处 理 措 施

（1）当规则洞口连梁的跨高比大于 5 时，由于设置的构造柱填充墙使实际洞口的连梁跨高比小于 5，连梁的上、下钢筋应通长设置，箍筋应全长加密，不宜按框架梁仅在梁端部设置箍筋加密区的构造做法。

（2）按施工图设计文件中的要求设置构造柱，构造柱纵向钢筋在上、下结构中锚固长度不应小于 500mm，箍筋在上、下结构中的加密范围同普通构造柱。

（3）与构造柱及剪力墙边缘构件拉结的填充墙水平钢筋宜通长设置。

（4）构造柱混凝土在上部不应浇筑到顶，应与连梁下部留有 20mm 左右的空隙，防止上部连梁的竖向荷载传至下层连梁上，使连梁的受力状态改变。

（5）填充墙与剪力墙边缘构件宜采用柔性连接措施。

（6）用填充墙将剪力墙的叠合错洞改变为规则洞口墙立面图见图 2-60。

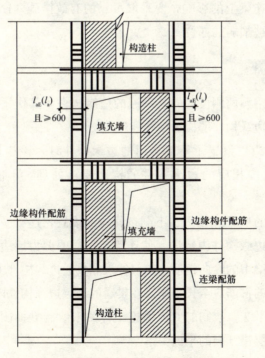

图 2-60 叠合错洞改变为规则洞口

2.25 当剪力墙中的洞口在上、下楼层不规则布置且为叠合错洞时，连梁及剪力墙边缘构件的处理措施

剪力墙的错洞口布置使墙内的应力分布复杂，结构计算和构造处理相对更复杂和困难。剪力墙的底部加强区部位，是塑性铰出现及保证剪力墙安全的重要部位，当抗震等级为一、二级和三级时，不宜在此部位设置剪力墙的错洞。但当在其他部位无法避免叠合错洞布置时，应在洞口边采取加强措施。目前对于错洞剪力墙的整体计算除按平面有限元方法外，还没有更好的简化方法，一般都是根据计算得到应力后，不考虑混凝土的抗拉作用，按应力进行配筋，并加强构造措施来解决，因此构造措施就更为重要。

由于不规则的墙体开洞会引起剪力墙肢内力的交错传递和局部的应力集中，易使剪力墙发生剪切破坏，设计时为保证墙肢内荷载的传递途径和上层墙肢内力作用在连梁上的影响，要采取可靠的有效措施，使叠合错洞边形成暗框架，以增强被削弱的部位。

处理措施

（1）在叠合错洞两侧设置的是贯通的边缘构件，其作用相当于框架的暗柱，应按相应的边缘构件的构造措施处理。

（2）当在洞边也设置了不能贯通的边缘构件时，该构件应作为洞口边的边缘构件，应按相应的边缘构件的构造要求处理，不能混同构造柱的做法。

（3）洞口上的连梁应在上、下洞口间拉通设置，连梁中的纵向钢筋应伸至贯通的剪力墙边缘构件内锚固，使连梁与贯通的剪力墙边缘构件形成暗框架，不能仅将连梁中的纵向钢筋一侧仅伸入非贯通边缘构件内锚固。

（4）连梁中的箍筋应全长加密，在贯通的顶层边缘构件内设置构造箍筋。

（5）当按"平法"绘制的剪力墙施工详图未绘制立面图时，施工中应注意剪力墙上、下层错开洞的平面关系。

（6）剪力墙叠合错洞构造做法的立面图见图 2-61。

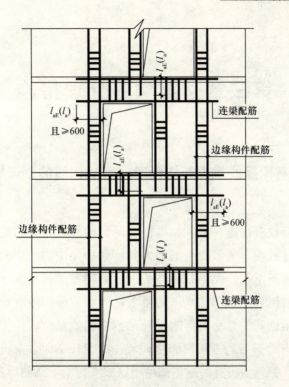

图 2-61　剪力墙的叠合错洞

第三章 梁构造处理措施

3.1 梁下部有雨篷、挑檐等构件时,附加钢筋的处理措施

在梁的下部设有雨篷、檐沟、挑板等悬臂构件时,它们是作用在梁下部的均布荷载,这种均布荷载产生的剪力如同梁中集中力产生的剪力一样,应该由附加抗剪钢筋承担,而不是由按抗剪计算需要的箍筋来承担。根据现行《混凝土结构设计规范》GB 50011 的要求,当梁下部作用有均布荷载时,可按深梁确定悬吊钢筋的方法确定附加悬吊钢筋的数量。设计工程师通常不重视此项要求,当梁下部的悬挑板跨度较大、荷载较重时,未设置附加悬吊钢筋是不安全的。必须由设置的附加悬吊钢筋来承担梁下部的均布剪力。

处 理 措 施

(1) 梁下部有均布荷载作用时,应在均布荷载作用的位置设置均布附加悬吊钢筋承担其剪力,其剖面做法见图 3-1。

(2) 悬吊钢筋应斜向深入板、梁内锚固,伸入板、梁内的水平及竖直弯折段长度不小于 $20d$ (d 为附加悬吊钢筋的直径),见图 3-2。

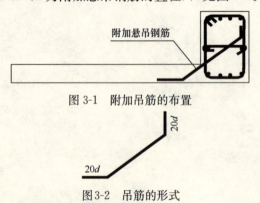

图 3-1 附加吊筋的布置

图 3-2 吊筋的形式

3.2 框架梁及连续梁中上部非贯通钢筋伸入跨内的长度及相应的构造处理措施

在连续梁和框架梁构件中，中间支座上部受拉钢筋需要向跨内延伸，其延伸长度应该根据内力计算的要求在弯矩图适当的位置截断，有抗震设防要求的框架梁上部还需要设置构造贯通钢筋。当梁端作用剪力较大时，在支座负弯矩钢筋的延伸区段范围内将形成由负弯矩引起的垂直裂缝和斜裂缝，并可能在斜裂缝区前端沿该钢筋形成劈裂裂缝，使纵向钢筋拉应力由于斜弯作用和粘结退化而增大，并使钢筋受拉范围相应向跨中扩展。为使负弯矩钢筋的截断点不影响它在各截面中发挥所需要的抗弯能力，应控制负弯矩钢筋的截断点。

一般情况下梁上部负弯矩纵向受拉钢筋不宜在受拉区截断，当必须截断时，应根据弯矩图和支座的剪力确定其位置。根据现行的《混凝土结构设计规范》GB 50011 规定：

（1）倘若计算按构造配置抗剪箍筋时，根据弯矩图不需要该钢筋面积梁截面以外不小于 $20d$ 处截断，且从该截面伸出长度不小于 $1.2l_a$；

（2）当按计算配置抗剪箍筋时，根据弯矩图不需要该钢筋面积梁截面以外不小于 h_0 处截断（h_0 为梁有效高度）且不小于 $20d$ 处截断，且从该截面伸出长度不小于 $1.2l_a+h_0$；

（3）按上述规定若截断点的位置仍处在负弯矩受拉区内，则应该延伸到不需要该钢筋截面以外不小于 $1.3h_0$ 且不小于 $20d$ 处截断，且从该截面伸出长度不小于 $1.2l_a+1.7h_0$。

按《高层建筑混凝土结构技术规程》JGJ 3 规定，非抗震设计且当相邻跨的跨度相差不大时，支座上部受力钢筋伸进跨内的长度为 1/3~1/4 的净跨长度。当前的施工图设计文件均采用"平法"绘制施工图，当图纸中无特殊要求，且连续梁及框架梁的相邻跨度基本相同时，可按此要求截断非贯通上部的纵向受力钢筋。当相邻跨的跨长相差不大时，应按较长跨计算截断钢筋的位置。而当相邻跨的跨长相差较大时，在较小跨度内上部的纵向受力钢筋应贯通布置。

处理措施

(1) 梁上部纵向受力钢筋伸入跨内的长度应按计算确定,当施工图设计文件无特殊要求,且相邻跨的净跨长度基本相同(不大于20%)时,伸入跨内的长度应按较大跨长计算,上部第一排钢筋为 $1/3 l_n$(l_n 为较大跨的净跨长度),上部第二排钢筋为 $1/4 l_n$。见图3-3。

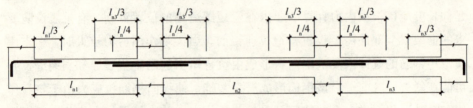

图3-3 相邻净跨长度基本相同

(2) 相邻跨的净跨长度差较大(大于20%)时,也应按较大净跨长度计算钢筋的长度。

(3) 当相邻的净跨长度很大时,在较小跨内上部钢筋不宜截断,按两端支座较大上部纵向受力钢筋贯通设置,见图3-4。

(4) 按"平法"绘制的施工图设计文件,当在较短跨内上部纵向钢筋贯通设置时,会采用原位标注。

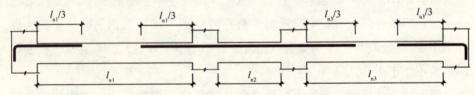

图3-4 相邻净跨长度相差很大

3.3 楼层框架梁中的上、下部纵向受力钢筋,在边支座内锚固长度的处理措施

框架梁上、下部纵向受力钢筋在边支座内可以采用两种方式锚固,当直线锚固长度满足要求时,可不采用弯折锚固。上部纵向受力钢筋采用直锚时,

除满足锚固长度的规定外,还应满足过柱中心线 $5d$(d 为钢筋直径)的构造要求。下部纵向受力采用直线锚固时,应满足锚固长度的规定,对有抗震要求时的框架梁,除满足锚固长度的规定外,还应满足过柱中心线 $5d$ 的构造要求。

当边支座的宽度不能满足框架梁上、下受力钢筋的直线锚固长度时,可采用弯折锚固。但采用弯折锚固方式时,必须保证有足够的水平段和一定长度的竖直段。水平段不能满足要求时不能采用加长竖直段补偿总锚固长度的做法。大量的框架节点试验证明,当弯折前有足够的水平段加一定长度的竖直段,即使总锚固长度不能满足规定的锚固长度要求时,也可以满足锚固的强度要求。因此采用弯折锚固的先决条件是,弯折前必须有足够的水平段。

在实际工程中,由于框架梁中的纵向受力钢筋直径较大,支座的宽度经常会不满足直锚长度的要求,因此采用弯折锚固的方式很普遍。当水平段不能满足规范规定的水平段长度时,可采用减小钢筋的直径等方法解决。

现行的《高层建筑混凝土结构技术规程》JGJ 3 规定,当计算中不利用梁下部钢筋的强度时,其伸入节点内的锚固长度应取不小于 $12d$(d 为纵向钢筋直径)。在非抗震设计的框架梁中,可按施工图设计文件的要求确定不伸入制作内的下部钢筋或锚固长度为 $12d$ 的钢筋。对于有抗震设防要求的框架梁,在地震作用下,框架梁端的下部也会有正弯矩,因此框架梁下部的全部纵向受力钢筋均应伸入支座内(除图中规定有部分下部纵向钢筋可以不伸入支座内锚固外),并满足抗震要求的锚固长度。

处 理 措 施

(1) 当采用直线锚固时,框架梁上部纵向受力钢筋伸入支座内的长度应 $\geqslant l_{aE}$(l_a)且过支座中心线 $5d$。见图 3-5。

(2) 当采用弯折锚固时,框架梁上部钢筋首先应满足伸至框架柱对边纵向钢筋内侧的水平长度不小于 $0.4l_{aE}$($0.4l_a$),然后下弯 $15d$。当水平长度大于 $0.4l_{aE}$($0.4l_a$)时,上部钢筋也应伸至柱对边后向下弯折,弯折后的竖直长度仍然要求不小于 $15d$。见图 3-6。

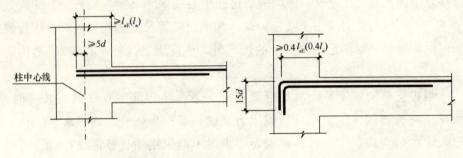

图 3-5　上部钢筋在支座内直锚　　图 3-6　上部钢筋在支座内弯锚

(3) 框架梁下部钢筋当采用直线锚固时，伸入支座内的长度应不小于 l_{aE} (l_a)，当有抗震要求时，还应满足过柱中心线 $5d$ 的构造要求。见图 3-7。

(4) 框架梁下部钢筋当采用弯折锚固时，其构造要求同上部受力钢筋，下部钢筋水平段投影长度不应小于 $0.4l_{aE}$ ($0.4l_a$)，向上弯折的竖直段可取 $15d$。见图 3-8。

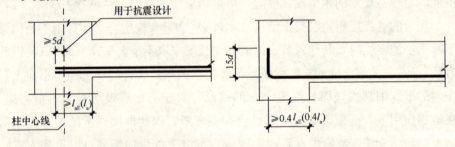

图 3-7　下部钢筋在支座内直锚　　图 3-8　下部钢筋在支座内弯锚

3.4　与剪力墙垂直相交的楼层梁，其纵向钢筋在边支座内的锚固长度，及弧形梁纵向钢筋在支座内的锚固处理措施

与剪力墙垂直相交的楼层梁均为次梁，当次梁的跨度较小时，无论在是否有抗震要求的结构中，其纵向钢筋在支座内的锚固长度均满足非抗震要求即可。下部钢筋伸到支座内的锚固长度需满足 l_{as} 长度的要求，不需要满足 l_a 的要求。边支座的上部钢筋，在设计时通常是按简支考虑的构造配置的，因

此钢筋的直径不会大,采用弯折锚固方式时,墙的宽度会满足最小水平段的长度要求。当次梁的跨度较大且有抗震设防要求时,为防止剪力墙的平面外弯曲,按规范要求在此处应设置扶壁柱或暗柱。当次梁的边支座为暗柱时,次梁纵向钢筋应采用直锚的方式;当支座的宽度不能满足锚固长度的要求时,可采用弯折锚固方式,这时支座的宽度均能满足锚固长度的水平段要求。因为这时次梁在抗震设计时不需要考虑抗震的锚固构造措施,因此梁端也不需要按抗震要求设置箍筋加密区。但在梁下的墙内设置扶壁柱时,考虑到扶壁柱对梁端有约束作用,次梁的上、下纵向钢筋在边支座内的锚固长度应按抗震构造要求,梁端宜设置箍筋加密区。

当弧线梁及平面曲线梁为非框架梁时,在竖向荷载的作用下梁内会产生扭矩,因此梁内上、下纵向钢筋在支座内的锚固长度与普通的直线次梁不同,纵向受力钢筋及腰筋与箍筋一起承担扭矩,梁中的上、下纵向钢筋及腰筋在支座内应按受拉要求锚固。当直线锚固长度不能满足要求时,可采取弯折锚固的方式。

处 理 措 施

(1) 当次梁的跨度较小时,下部钢筋在边支座内的锚固长度应不小于 l_{as}(螺纹钢筋 $12d$,光面钢筋 $15d$),上部纵向钢筋在边支座如果直锚长度满足要求,可不采用弯折锚固的方式。锚固长度不小于 l_a。

(2) 上部钢筋在边支座采用弯折锚固时,弯折前的水平段应不小于 $0.4l_a$,弯折后的竖直段可取 $15d$。见图 3-9。

(3) 弧线梁及平面曲线梁,上、下纵向钢筋及腰筋均应在支座内可靠锚固,直锚的长度不应小于 l_a,采用弯折锚固时其做法同次梁上部纵向钢筋在

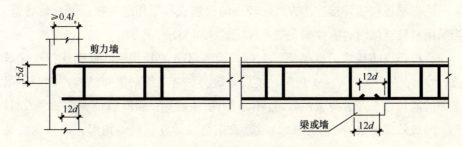

图 3-9 非框架梁上、下纵筋在端支座内的锚固

边支座的构造要求；见图 3-10。腰筋弯折后的竖直段也可以在支座内水平放置。

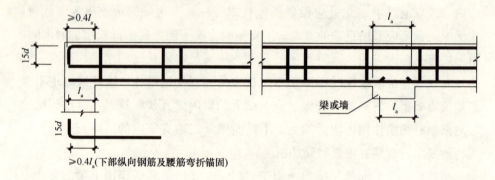

图 3-10　抗扭纵筋在端支座内的锚固

（4）当次梁下的抗震墙中设有扶壁柱时，梁中的纵向受力钢筋在支座内的锚固应按框架梁的构造要求，梁端部箍筋是否加密应按设计文件中的要求。

（5）当梁下墙内设置的是暗柱时，梁中的纵向受力钢筋可按次梁的构造要求在支座内锚固。

3.5　框架梁上部纵向钢筋，在跨内采用绑扎搭接连接的构造处理措施

框架上部钢筋在施工时均有连接的问题，不同的框架梁要求的连接方式不同，可采用绑扎搭接连接、机械连接和焊接连接。目前国内的机械连接的技术比较成熟，也有相应的技术规程检验，因此较大直径的受力钢筋连接基本采用机械连接或焊接连接方式，较小的钢筋直径采用绑扎搭接的比较普遍。当采用搭接连接时，需要满足规范规定的构造要求。

有抗震设防要求的框架梁，上部应设置部分通长钢筋。根据现行《建筑抗震设计规范》GB 50011 规定，抗震等级为一、二级的框架结构，其框架梁上部的通长钢筋不小于 2φ14，且不小于两端支座上部钢筋较大面积的 1/4，三、四级抗震等级时不小于 2φ12，通长钢筋应放在箍筋的角部。通长钢筋是按抗震的构造要求设置的，非抗震设计时，不需要配置通长钢筋。除计算需

要配置的上部纵向钢筋外，其他应为架立钢筋，是为固定箍筋的位置设置的。

上部通长钢筋可以采用任何一种连接方式，采用搭接连接时应处在跨中的范围内并满足受力钢筋抗震搭接连接的长度要求。非通长钢筋与架立钢筋的搭接连接仅需要满足搭接长度不小于一固定值，不需要按受力钢筋的搭接长度要求处理。采用"平法"绘制的梁施工详图设计文件中，按制图规则规定架立钢筋是在集中标注的括号内表示，不要与有抗震要求的上部通长钢筋混淆。

处 理 措 施

（1）有抗震设防要求的框架梁上部通长钢筋，采用绑扎搭接连接方式时，搭接长度应满足 l_{lE} 的要求。见图 3-11。

（2）无抗震设防要求的框架梁上部钢筋，不需按抗震构造要求设置通长钢筋，架立钢筋与上部纵向受力钢筋的搭接长度为 150mm。见图 3-12。

（3）当框架梁上部设有通长钢筋及架立钢筋时（箍筋的肢数为 4 肢以上，除通长钢筋外而设置的构造钢筋），通长钢筋的搭接连接可在跨中 1/3 范围内搭接，也可以按第一条规定采用。架立钢筋与支座不需要通长的纵向受力钢筋搭接长度为 150mm。见图 3-13。

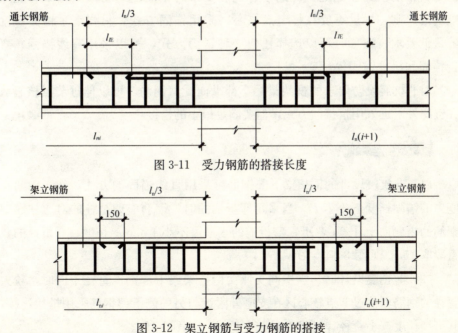

图 3-11 受力钢筋的搭接长度

图 3-12 架立钢筋与受力钢筋的搭接

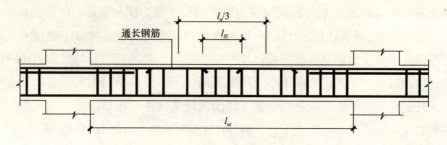

图 3-13　上部通长钢筋的搭接

3.6　框架梁在中间支座处，下部纵向受力钢筋不能拉通设置时的锚固处理措施

在工程中经常会遇到柱两侧的框架梁下部纵向受力钢筋因直径不同或钢筋的根数不同，需要在中间柱内锚固。无论是否有抗震设防要求，在支座内的锚固均应满足最小锚固长度的要求，因在中间支座处两个方向的纵向受力钢筋汇集在此处，特别是有抗震要求时钢筋更为密集，应本着能通则通的原则，尽量不要在柱节点核心区采用锚固方式，只要满足锚固长度的最低要求，施工时可以选择任何一种锚固方式，可以采用直线锚固、弯折锚固和机械锚固等。

对非抗震设防要求的框架梁的下部纵向受力钢筋，可以伸过节点核心区在支座外附近采用搭接的方式，但要满足最小的搭接长度。

处 理 措 施

（1）非抗震设计的框架梁下部钢筋可采用直线锚固的方式，伸入中间支座内的锚固长度不小于 l_a。当采用弯折锚固时，钢筋应伸至柱的对边柱纵向钢筋的内侧向上作 90°弯折，弯折前的水平段不小于 $0.4l_a$ 长度，弯折后的竖直段取 $15d$。见图 3-14、图 3-15；

（2）非抗震设计时，当中间支座两侧框架梁下部钢筋直径不同时，较大直径的钢筋可伸过节点核心区在支座外附近与另一侧下部钢筋采用搭接连接，其搭接长度按小直径计满足 l_l 的长度要求。见图 3-16；

（3）有抗震设防要求时，由于节点核心区的钢筋比较密集，建议不采用弯折锚固方式，宜采用直线锚固方式，除满足最小锚固长度 l_a 外，还应满足过支座中心线不小于 $5d$ 的构造要求。见图3-17。

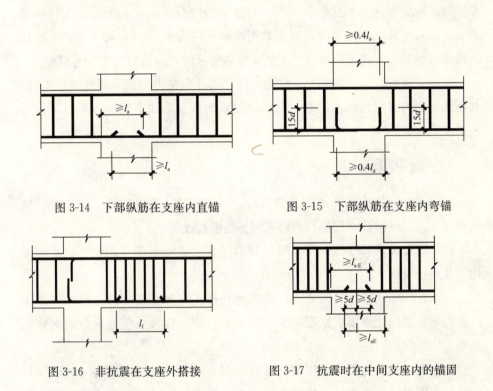

图3-14　下部纵筋在支座内直锚　　　图3-15　下部纵筋在支座内弯锚

图3-16　非抗震在支座外搭接　　　　图3-17　抗震时在中间支座内的锚固

3.7　构件中纵向受力钢筋采用搭接连接时，同一连接区段内的处理措施

由于钢筋通过绑扎搭接连接的传力性能不如整根钢筋，所以受力钢筋宜尽量减少搭接接头。但在工程中钢筋的连接是不可避免的，因此现行的《混凝土结构设计规范》GB 50010规定，在受拉构件中纵向钢筋不应采用绑扎搭接接头；较大直径的钢筋不宜采用绑扎搭接接头，当采用绑扎搭接时，在同一搭接区段内接头的位置应错开。同一搭接区段内的长度是指1.3倍的搭接长度范围，搭接接头中点位于连接区段长度内的接头均属同一连接区段。同

一区段内纵向钢筋搭接接头面积百分率，为该区段内搭接钢筋截面面积与全部纵向钢筋面积的比值。

同一区段内受拉钢筋搭接接头面积百分率对不同构件要求也不同，对于梁、板或墙类构件，不宜大于25%；对柱类构件不宜大于50%；当工程中确需要放宽接头面积百分率时，对于梁类构件不应大于50%，对于板、墙和柱类构件可根据实际情况放宽。当有抗震设防要求时，应满足抗震构造措施。

对于有抗震设防要求的梁、柱类构件，其纵向受力钢筋采用搭接接头时，其搭接范围内应配置加密箍筋。梁侧面配置的腰筋采用搭接时，不需要设置箍筋加密。

处理措施

（1）轴心受拉构件及小偏心受拉杆件（如桁架、拱的拉杆、墙梁中的纵向钢筋等）的纵向受力钢筋，不得采用绑扎搭接接头。

（2）直径大于28mm的受拉钢筋和直径大于32mm的受压钢筋，不宜采用绑扎搭接接头。

（3）在同一区段内纵向受力钢筋的绑扎搭接连接见图3-18，在同一连接区段内钢筋的绑扎连接应根据接头面积的百分率，搭接长度应乘以放大修正系数。

（4）有抗震设防要求的框架柱、框架梁纵向受力钢筋采用绑扎搭接时，在搭接范围内箍筋应作加密处理见图3-19，箍筋的直径不小于搭接钢筋较大直径的0.25倍，箍筋的间距不应大于较小直径的5倍，且不应大于100mm；梁的腰筋搭接时，不需要箍筋加密；

（5）在任何情况下，钢筋的搭接长度（l_l、l_{lE}）均不得小于300mm。

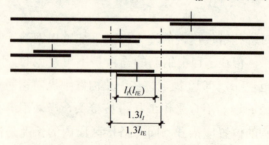

图3-18 钢筋搭接的同一区段内

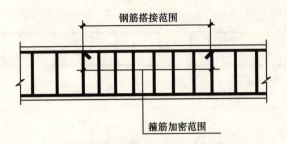

图 3-19 钢筋搭接范围内箍筋加密

3.8 梁下部部分钢筋不伸入支座内锚固的要求及构造措施

梁的下部纵向钢筋当设计文件有标注时,部分纵向受力钢筋可以不伸入支座内锚固,国家标准图集 03G101-1 中制图规则规定,当梁下部钢筋不伸入支座内锚固的钢筋在集中标注和原位标注时,在钢筋的根数前加负号表示。应由设计工程师在图纸上明确注写。施工中不得随意截断,特别是在有抗震设防要求的框架梁中,支座下部也会存在正弯矩,一般设计文件都会将框架梁的下部纵向受力钢筋伸入框架柱内锚固,不经设计工程师同意而随意截断,会使结构在地震作用下不安全。国家标准设计图集的制图规则提供的是一种表示方法,对无抗震设防要求的框架梁或次梁,设计人员会根据纵向受力钢筋的数量为节约钢材或施工方便等原因,确定下部纵向受力钢筋不全部伸入支座内锚固的数量,部分不伸入支座内锚固的钢筋数量是根据计算需要确定的,施工中不能因为该处的钢筋较多或太密集不好布置,而自行决定梁下部纵向受力钢筋不伸入支座内锚固,否则对结构的安全会有影响。

处理措施

(1) 不伸入支座内的锚固的下部纵向受力钢筋,设计文件会表示钢筋的截断位置和构造要求,但采用"平法"绘制的施工图,除有特殊的注明截断位置外,可按 03G101-1 中的表示方法及构造详图采用。截断点距支座边缘 0.1 倍的该跨净跨长度,见图 3-20;

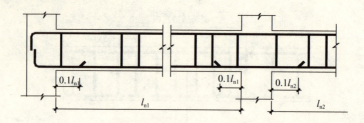

图 3-20 不伸入支座内钢筋截断点

（2）框支梁的下部纵向受力钢筋应全部伸入支座内锚固，不可以有部分钢筋在支座外截断；

（3）在箍筋角部的纵向受力钢筋，应全部伸入支座内锚固，不伸入支座锚固的截断钢筋不应选择箍筋角部的纵向钢筋。见图 3-21。

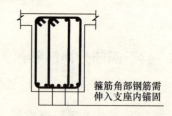

图 3-21 需伸入支座内的钢筋

3.9 梁中设置的侧面钢筋（腰筋）在跨内的连接及在支座的锚固构造措施

框架梁或次梁的侧面钢筋的设置一般为两种情况，一种为结构计算需要配置的纵向抗扭钢筋，它与梁中配置的抗扭箍筋共同承担梁内的扭矩内力，属梁内的纵向受力钢筋。另一种是梁高度较大，防止由于混凝土的收缩及徐变而产生垂直梁轴线在梁的侧面裂缝设置的构造钢筋。由于工程中大截面梁的使用越来越多，现行《混凝土结构设计规范》GB 50010 规定，在梁侧面设置防止收缩裂缝的发生、沿梁的长度方向布置的纵向构造钢筋，这种钢筋在较大尺寸的梁中非常普遍。因为两种侧面纵向钢筋设置的目的不同，所以钢筋的连接和锚固要求也不同。采用"平法"绘制的施工图设计文件，按制图规则规定，开头用 N 表示抗扭纵向钢筋，在支座内应满足受拉钢筋的锚固长度要求。开头用 G 表示的为构造纵向钢筋，在支座内的锚固长度不需按抗拉钢筋锚固。

处理措施

(1) 梁侧面的纵向抗扭钢筋（N），在支座内的锚固长度应不小于 l_a 的长度要求，当直锚长度不满足要求时，可采用弯折锚固，其做法可按框架梁纵向受力钢筋在支座内的锚固长度构造要求。在任何情况下锚固长度均不小于 250mm，见图 3-22。

(2) 防止梁侧面收缩裂缝而设置的构造纵向钢筋（G），在支座内的锚固长度不小于 $12d$，当采用光面钢筋时不小于 $15d$；且不小于 250mm，见图 3-23。侧面构造钢筋的间距不大于 200mm，见图 3-24；

(3) 梁侧面纵向钢筋在跨内连接时，可按非抗震受拉钢筋的要求构造措施处理。当采用绑扎搭接连接时，应满足搭接长度不小于 l_l 的要求，对有抗震要求的框支梁，在梁内的搭接长度应满足 l_{lE} 的要求，并任何情况下搭接长度不应小于 300mm。

(4) 有抗震要求的框支梁侧面钢筋在支座内的锚固长度，应不小于 l_{aE}，当直锚长度不满足时，可按有抗震要求的框架梁纵向钢筋在支座内的弯折锚固构造措施处理。

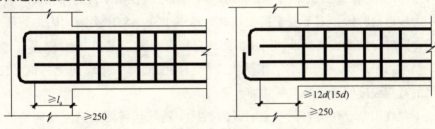

图 3-22 抗扭纵向腰筋在支座内的锚固　　图 3-23 构造纵向腰筋在支座内的长度

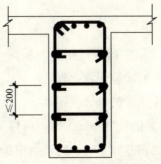

图 3-24 纵向腰筋最大间距

（5）无特殊要求时，梁侧面钢筋的拉结钢筋可隔一拉一，拉结钢筋的间距为箍筋的两倍。

3.10 梁上有集中荷载时，附加抗剪钢筋（附加箍筋、吊筋）的设置构造要求

当在梁的高度范围内或在梁的下部有集中荷载时，为防止集中荷载影响区下部混凝土拉脱，弥补间接加载导致的梁斜截面受剪承载力的降低，在集中荷载影响区 s 的范围内加设附加横向钢筋。根据《混凝土结构设计规范》GB 50010 中的规定，位于梁下部或梁高度范围内的集中荷载，不考虑混凝土承担由于集中荷载产生的剪力，应全部由附加横向钢筋承担。附加横向钢筋可以采用箍筋，也可以采用吊筋，但是不需要两种横向附加钢筋同时设置。

箍筋布置的长度范围为：$s=2h_1+3b$，其中，h_1 为次梁的底部至主梁下部外边缘的距离，b 为次梁的宽度。附加箍筋应布置在集中力的两侧。当两个集中力较近的时候，偏于安全的做法是，不减少两个集中力间的附加箍筋的数量，同时分别适当增加外侧附加箍筋的直径或数量。

当采用吊筋时，其下端的水平段要伸至梁的底部主梁纵向受力钢筋处，吊筋的弯起段应伸至梁的上部并加水平段。

不允许用布置在集中荷载影响区内的抗剪箍筋代替附加抗剪横向钢筋的做法，只考虑附加横向钢筋承担集中荷载产生的全部剪力。

处理措施

（1）采用箍筋时，应在集中荷载两侧分别配置，不能仅配置在一侧，每侧应不少于两道，梁内原有的箍筋照常配置。

（2）第一道附加箍筋距次梁的外边缘距离为 50mm，配置长度范围为 $s=2h_1+3b$，见图 3-25。当次梁的宽度 b 较大时，可以适当减小附加箍筋的布置长度，当主梁与次梁的高度相差较小时，宜适当增加布置长度。

（3）当附加横向钢筋采用吊筋时，每个集中力处应不少于 2Φ12 的最小

构造要求,吊筋的下部水平段应伸至主梁底部的纵向受力钢筋处,弯起段应伸至主梁上边缘处且设置不小于 $20d$ 的水平段。见图 3-26。当两个集中荷载距离较近时,可以将吊筋合并布置,其做法相同。见图 3-27。

(4)吊筋的弯折角度需根据主梁的高度确定,当主梁的高度不大于 800mm 时,弯折角度为 45°,当主梁的高度大于 800mm 时,弯折角度可取 60°。

(5)当两个集中荷载距离较近,附加横向钢筋采用箍筋时,不减少两个集中力间的附加箍筋的数量,次梁外侧的布置长度按较近一侧次梁的宽度考虑。见图 3-28。

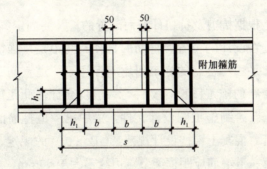

图 3-25 附加箍筋构造

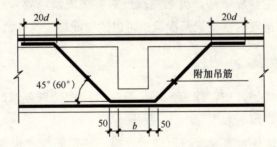

图 3-26 附加吊筋构造

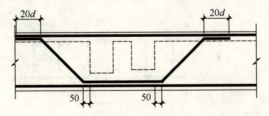

图 3-27 较近两个集中荷载附加吊筋构造

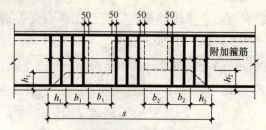

图 3-28 较近两个集中荷载附加箍筋构造

3.11 梁中第一道箍筋距支座的距离

梁中的箍筋是根据抗剪及抗扭计算而配置的,并要固定梁中的纵向钢筋,使纵向受力钢筋处在设计的位置。箍筋的直径及间距是按强度计算或构造要求而确定的。按"平法"绘制的施工图均不标注第一道箍筋距梁支座的最小距离,而按详图绘制的施工图设计文件,一般均会标注此距离。目前各设计单位均采用"平法"绘制施工图设计文件,梁中第一道箍筋的设置位置常引起争议。根据现行《混凝土结构设计规范》GB 50010 的规定,对有抗震要求的框架梁,梁端第一道箍筋应距框架节点边缘不大于 50mm,这种做法也是我国在建筑工程中的常规做法,虽然规范仅对有抗震设防要求的框架梁有明确的规定,对于非抗震的框架梁及次梁也可以遵照此规定执行。

处理措施

(1) 所有梁类构件中,除施工图设计文件中有特殊要求时,第一道箍筋距支座边缘的距离应不大于 50mm。见图 3-29。

(2) 对于有抗震设防要求的框架梁,第一道箍筋按距框架节点外边缘不大于 50mm 布置后,再按设计文件要求的箍筋间距布置加密区箍筋和非加密区箍筋。见图 3-30。

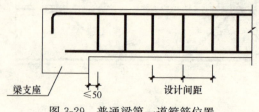

图 3-29 普通梁第一道箍筋位置

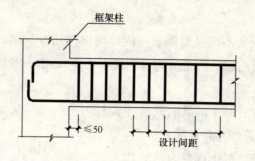

图 3-30　框架梁第一道箍筋位置

3.12　非框架梁（次梁）上部纵向钢筋在端支座的锚固构造措施

非框架梁在端支座的上部纵向钢筋的配置，是根据设计时的计算模型来确定的，当计算模型考虑次梁的端支座被约束时，端支座处的上部有负弯矩，设计按计算结果配置负弯矩纵向钢筋。当计算模型不考虑端支座对次梁的约束时，假定该处为简支铰接支座，配置构造的纵向钢筋。根据现行《混凝土结构设计规范》GB 50010 的规定，当端支座假定为简支铰接时，上部纵向钢筋不应小于该跨下部纵向受力面积的 1/4，且不少于 2 根。

无论端支座上部纵向钢筋是按计算或构造配置的，均应在支座内可靠地锚固并满足锚固长度的要求。按计算要求配置的上部纵向钢筋伸入跨内的长度应满足不小于该跨净跨长度的 1/3（$1/3l_n$），当按构造配置时伸入跨内的长度不小于计算跨度的 1/5（$0.2l_0$）。

有抗震设防要求的结构中，非框架梁的支座范围内不需要设置箍筋加密区，按施工图设计文件中标注的箍筋间距配置。

处理措施

（1）非框架梁端支座的上部纵向钢筋应在支座内可靠的锚固，其锚固长度按非抗震 l_a 计。

（2）当直锚长度满足锚固要求时，端部可不设置直角的 90°弯钩（采用光面钢筋时，端部应设置 180°的弯钩）；且伸入支座内的长度不小于 250mm；

见图 3-31。

（3）当直锚长度不满足锚固长度时，可以采用弯折锚固，上部纵向钢筋伸至支座对边向下弯锚，弯折前的水平段不小于 $0.4l_a$，弯折后的竖直长度不小于 $15d$。见图 3-32。

（4）按计算配置的上部纵向钢筋伸入跨内的长度，从支座边缘算起不小于 $1/3l_n$（l_n 为边跨的净跨长度）。

（5）按构造配置的上部纵向钢筋伸入跨内的长度，从支座边缘算起不应小于 $0.2l_0$（l_0 为边跨的计算跨长度）。

（6）除施工图设计文件特殊要求端部箍筋间距较小外，非框架梁不设置箍筋加密区。

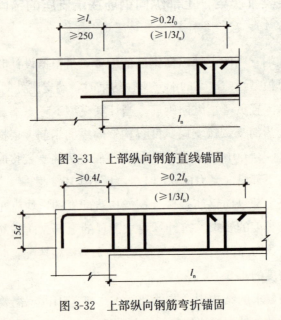

图 3-31 上部纵向钢筋直线锚固

图 3-32 上部纵向钢筋弯折锚固

3.13 现浇混凝土结构中，框支梁的概念及相应的构造措施

在现浇混凝土结构中，当建筑的功能需要设置较大的空间时，结构设计通常采用部分框支剪力墙结构体系，这种结构体系由落地剪力墙、框支剪力墙和框支框架组成，不能落地的剪力墙要在梁上生根，这样的梁称之为框支

梁。此层也称之为框支层或转换层，转换层由多种结构形式和不同的构件组成，通常的结构形式有：框支梁、桁架、空腹桁架、斜撑，以及由上、下层楼板和竖向隔板组成的箱形结构等转换结构构件。高层建筑中的大空间结构转换类别是根据转换层的位置和抗震设防烈度确定的，根据设防烈度通常在下部 2～5 层称为低位转换，而设置在以上高度的转换层被称为高位转换。

转换层是上、下层不同结构传递内力和变形的复杂部位，与普通的框架梁不同，在地震作用下其构造措施要求更高。在水平荷载特别是在地震作用下，框支梁是偏心受拉构件，并要承担者较大的剪力，因此，《高层建筑混凝土结构技术规程》JGJ 3 中对框支梁的构造要求更为严格。在施工中应对转换层的构件应给予更多的关注。

处 理 措 施

（1）框支梁的上部纵向受力钢筋应至少 50% 沿梁全长贯通，下部纵向受力钢筋应全部直通到框支柱内锚固。

（2）沿框支梁高度设置间距不大于 200mm，直径不小于 16mm 的腰筋，并在支座内锚固，其长度不应小于 l_a（l_{aE}），当直线锚固长度不满足要求时，可以采用弯折锚固的方式，其构造要求同框架梁纵向受力钢筋的构造要求。

（3）上、下纵向受力钢筋不宜采用绑扎搭接接头，宜采用机械连接，同一连接区段内钢筋接头截面面积的百分率不应大于 50%。接头位置应该避开上部墙体开洞的位置。

（4）有抗震设防要求的框支梁，梁端箍筋的加密区的起算点当无加腋时，应从框支柱的边缘算起，当有加腋时应从加腋的截面变化处算起，其加密长度范围不小于 $0.2l_{ni}$（0.2 倍本跨的净跨长度）及框支梁高度的 1.5 倍，取两者较大值。箍筋的间距不大于 100mm，当框支梁的上部墙体开洞时，该部位箍筋也应加密。

（5）梁上部第一排纵向钢筋的锚固长度应从梁底边缘开始计，从梁底向下锚固长度不小于 l_a（l_{aE}）。当上部配置的纵向钢筋是多排时，其他排的钢筋锚入框支柱内的长度可适当地减少，但总锚固长度不应小于 l_a（l_{aE}）。见图 3-33。

（6）下部纵向受力钢筋伸入框支柱内的总锚固长度不应小于 l_a（l_{aE}），当采用弯折锚固时,弯折墙的水平段不应小于 $0.4l_a$ ($0.4l_{aE}$)。

(7) 当框支梁上托柱时,其构造做法除与框支梁托墙的措施相同外,在该处的箍筋应加密配置。见图 3-34。

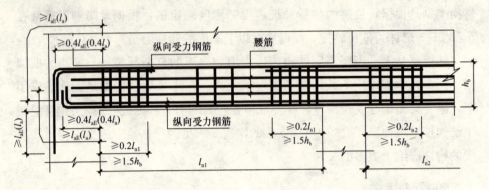

图 3-33 框支梁上部托墙构造

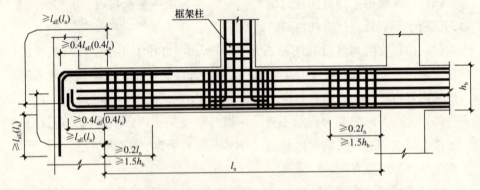

图 3-34 框支梁上部托墙构造

3.14 混凝土非框架梁(次梁)下部纵向受力钢筋在边支座的锚固构造措施

混凝土单跨简支梁、连续梁的下部纵向受力钢筋应在支座内可靠地锚固,在边支座范围内的锚固长度为 l_{as},根据现行《混凝土结构设计规范》GB 50010 规定,锚固长度与支座处的剪力有关,剪力大小不同,锚固长度也是不同的。当支座的剪力 $V \leqslant 0.7f_tbh_0$ 时,应取 $l_{as} \geqslant 5d$ (d 为下部纵向钢筋的直径)。当 $V>0.7f_tbh_0$ 时,带肋钢筋应取 $l_{as}\geq 12d$,光面钢筋应取 $l_{as}\geq 15d$。

目前各设计院绘制的施工图设计文件均采用"平法"制图规则,施工时也无法按规范判断支座处的剪力的大小,通常的做法是按钢筋的外形确定锚固长度。当支座的宽度不满足直线锚固长度时,可采用弯折锚固或在纵向钢筋上加焊锚固钢板及将钢筋的端部焊在梁端的预埋件上等有效的锚固措施。

对于连续梁的中间支座处,除要满足锚固长度外还应伸至支座的中心处。当施工图设计文件要求下部纵向受力钢筋在支座内贯通时,可在中间支座内搭接连接,并满足搭接长度,当梁在支座两侧下部纵向钢筋的直径不同时,搭接长度可按较小钢筋直径计且不应小于300mm。

处理措施

(1) 带肋钢筋的锚固长度 l_{as} 不小于 $12d$,光面钢筋不小于 $15d$。满足直线锚固长度时端部可以不设置 $90°$ 直钩,当采用光面钢筋时端部应加设 $180°$ 弯钩。见图 3-35。

(2) 当直线锚固长度不能满足要求时,可采用弯折锚固措施,纵向钢筋伸至支座对边,弯折前的水平段不小于 $0.4l_a$ 弯折后的竖直段为 $15d$。见图 3-36。

(3) 采用纵向钢筋端部焊接在梁端预埋件上的锚固措施时,锚固长度 l_{as} 不小于 $5d$。

(4) 采用机械锚固措施时,纵向钢筋伸入支座内的长度可取 $l_{as}-5d$。

(5) 当梁混凝土强度等级不大于 C25,且距支座边缘 $1.5h$ 范围内有集中荷载时,带肋钢筋的锚固长度 l_{as} 应大于 $15d$,或采取附加锚固措施。

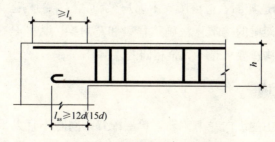

图 3-35 下部纵向钢筋直线锚固

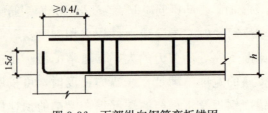

图 3-36　下部纵向钢筋弯折锚固

3.15　框架宽扁梁的概念及梁中纵向钢筋的摆放要求，纵向钢筋在边支座内的锚固构造措施

当梁的截面高度与跨度之比为 1/16～1/22 且不小于楼板厚度的 2.5 时称之为扁梁。由于建筑层高及净高的限制，扁梁在工程中使用的很多，扁梁在设计时除要满足承载力外，还要满足挠度和裂缝宽度的要求。对于框架结构，当梁的宽度大于矩形柱的截面尺寸或大于圆形柱直径的 80% 时，称为宽扁梁。

框架结构中的边框架梁都不设计成宽扁梁；有抗震设防要求的框架结构中，当抗震等级为一级时也极少设计成宽扁梁。宽扁梁内应有一定比例的纵向受力钢筋在框架柱截面内贯通，并在边柱节点核心区内可靠地锚固。穿过中柱的纵向受力钢筋直径，当抗震等级为一、二级时，不宜大于框架柱该方向截面尺寸的 1/20。不能从柱截面内通过的纵向受力钢筋，应在边框架梁中可靠地锚固。宽扁梁节点的内外核心区均视为梁的支座，节点外核心区系指两个方向宽扁梁相交面积扣除框架柱截面面积部分，在节点外核心区可配置附加水平箍筋及竖向拉结钢筋，拉结钢筋应勾住宽扁梁的纵向受力钢筋并与之绑扎。

当前施工图设计文件基本采用"平法"绘制，而构造做法均要求参见 03G101-1 中的构造详图，但该图集中无扁梁和宽扁梁的构造详图，在施工中不应参考普通框架梁的构造做法施工扁梁和宽扁梁，特别是在有抗震设防要求的框架中，其构造要求是不完全相同的。

处 理 措 施

（1）宽扁梁中的纵向受力钢筋宜单层配置，间距不宜大于 100mm，箍筋的肢距不宜大于 200mm。

(2) 梁内应有 60% 的纵向受力钢筋通过柱截面，并在端柱节点核心区可靠锚固，未穿过柱截面的纵向钢筋应在边框架梁内可靠锚固。

(3) 当纵向钢筋在端支座弯锚时，弯折端竖直钢筋外混凝土保护层厚度应不小于 50mm；水平段及竖直段的锚固长度同普通框架梁。见图 3-37。

(4) 有抗震设防要求的宽扁梁箍筋加密区的长度为：一级取 2.5 倍的梁高和 500mm 较大值；其他抗震等级取 2.0 倍的梁高和 500mm 较大值。端支座处梁箍筋加密区应从边框架梁的内边缘处开始计算。箍筋加密区的长度除满足本条要求外还应满足本章第 3.35 条的构造要求。

(5) 梁中纵向受力钢筋通过框架柱的做法见图 3-38。

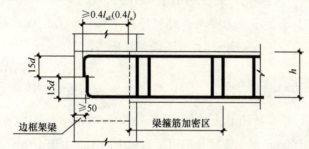

图 3-37　纵向钢筋在边框架梁内锚固

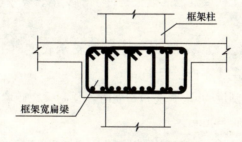

图 3-38　宽扁梁的配筋构造

3.16　在砖砌体结构中，混凝土梁在支座上搁置长度的最小构造要求

在砌体结构中，通常也采用"平法"的制图规则绘制现浇混凝土梁施工图。但是国家标准设计图集 03G101-1 中没有相应的构造要求，特别是现浇混凝土梁在砖砌体支座上的搁置长度，某些施工图设计文件中也没有提出相应

的构造要求，如果不能正确地施工，对建筑的安全性会有不同程度的影响。

现浇混凝土梁在砌体结构中支座的支承长度，除满足钢筋的锚固长度外，还要满足砌体的局部承压强度要求，并符合最小构造支承长度的措施。考虑到梁支承处的局部受压，现行《砌体结构设计规范》GB 50003 规定，当梁的跨度大于 4.8m 时应在支承处砌体上设置混凝土或钢筋混凝土梁垫，当墙中有圈梁时梁垫宜与圈梁浇筑成整体。对于梁的跨度大于或等于 6m 的 240mm 厚砖墙，和跨度大于或等于 4.8m 的 180mm 厚的砖墙，在梁下宜设置扶壁柱或采取其他加强措施。有抗震设防要求时，根据《建筑抗震设计规范》GB 50010 强制性条文的规定，跨度不小于 6m 的大梁的支承构件应采用组合砌体等加强措施，并满足承载力要求。并且还规定楼梯间及门厅内墙阳角处的大梁支承长度不应小于 500mm，并与圈梁可靠地连接。

处理措施

（1）梁在砖墙和砖柱上的支承长度应不小于 240mm，非抗震时墙体为清水墙且梁高小于 500mm 时，支承长度可适当减少但不应少于 180mm。见图 3-39。

（2）梁在混凝土柱或其他混凝土构件上的支承长度不应小于 180mm。见图 3-40。

（3）预制混凝土檩条、搁栅等小梁的支承长度，在砖墙上不应小于 120mm，在混凝土梁上不应小于 80mm。

（4）抗震设防烈度为 6~8 度和 9 度时，预制梁在砖墙上的支承长度应分别不小于 240mm 和 360mm。

（5）承重墙的托墙梁，在砌体墙、柱上的支承长度不应小于 350mm。

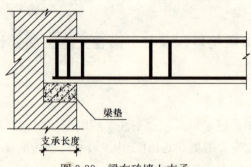

图 3-39 梁在砖墙上支承

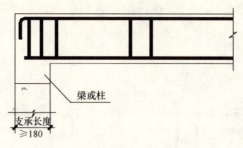

图 3-40 梁在混凝土梁或柱上支承

3.17 在砖砌体结构中，混凝土梁中的纵向钢筋在边支座内的锚固长度要求及在支座内配置箍筋的构造措施

支承在砖砌体上的混凝土梁中的下部纵向受力钢筋，在边支座内的锚固长度 l_{as} 与现浇混凝土结构中次梁的构造做法相同。在混凝土梁的设计中，通常把边支座简化为简支铰接支座，理论上该处无负弯矩，但是考虑到实际的使用情况，砌体对梁端有一定的约束作用，因此根据《混凝土结构设计规范》GB 50010 的规定，该处需配置不少于跨中钢筋面积 1/4 的构造纵向钢筋，虽然是构造配置的纵向钢筋，也要考虑到承担负弯矩，在边支座内应满足锚固长度 l_a 的要求。

根据现行《混凝土结构设计规范》GB 50010 的规定，支承在砖墙、砖柱混凝土垫块上的混凝土独立梁，在支座内要配置一定数量的箍筋。

处 理 措 施

（1）梁中上、下纵向钢筋在边支座内的锚固长度要求，与混凝土结构中次梁的构造要求相同，当直锚长度不足时可以采用弯折锚固或机械锚固。见图 3-41 和图 3-42。

（2）梁纵向钢筋在边支座锚固长度 l_{as} 范围内，应配置不少于两道的附加箍筋。

（3）支座内的附加箍筋直径不宜小于纵向钢筋直径最大直径的 1/4，间距不宜大于纵向钢筋最小直径的 10 倍。

(4) 当采用机械锚固时，支座内附加箍筋的间距不宜大于纵向钢筋最小直径的 5 倍。

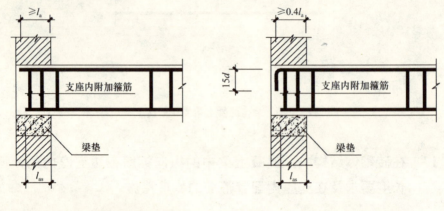

图 3-41　梁上部钢筋直线锚固　　　图 3-42　梁上部钢筋弯折锚固

3.18　框架梁在框架柱两侧的宽度不同时，纵向钢筋在中柱内的锚固和处理措施

框架中柱两侧的框架梁宽度不同时，梁中纵向受力钢筋在中柱内的构造做法在国家标准设计系列图集 03G101 的构造详图中暂无，通常设计文件应绘制相应的构造示意图。宽度不同框架梁中的纵向受力钢筋，原则上在中柱内应能同通直线拉通，当两侧的纵向钢筋直径和根数相同时，可将较宽梁中的纵向钢筋水平弯折一定的斜向坡度通过中柱伸入较窄的梁内；当两侧的钢筋根数不相同时，也可将多出的钢筋锚固在节点核心区内。

当钢筋的直径不同时，就不需在中柱内拉通，分别地锚固在节点核心区内；其构造做法可按框架端节点的处理方法；在实际工程中若遇到钢筋的直径不同时，应与设计人员沟通代换为相同直径的钢筋，避免两侧的钢筋都锚固在中柱的节点核心区内，节点核心区的钢筋太密集而影响混凝土的浇筑质量。

处理措施

（1）框架梁两侧纵向钢筋的直径相同时，能直线拉通的钢筋则拉通；不能直线拉通的钢筋可按一定的水平弯折坡度在中柱内通过，伸入另一侧梁中。见图3-43。

（2）当梁两侧的纵向钢筋根数不同时，可将多出的钢筋锚固在中柱的节点核心区内，其构造做法按框架梁端节点的处理方式和构造要求。见图3-44。

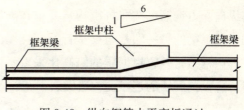

图3-43 纵向钢筋水平弯折通过

（3）尽量避免采取梁两侧纵向钢筋均在中柱节点核心区内锚固的处理措施。

（4）次梁有相同情况时，可参照框架梁的做法。

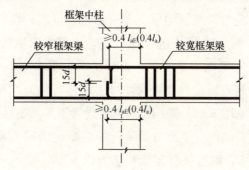

图3-44 纵向钢筋在中柱内锚固

3.19 框架梁的一端为框架柱，而另一端为梁（框架梁、次梁）或剪力墙时，纵向钢筋在支座内的锚固及箍筋加密的处理措施

现浇混凝土结构中，当一端的支座为框架柱而另一端为非框架柱，通常施工图设计文件都会按框架梁（KL—××）来标注（图3-45）。目前这样的节点抗震试验资料很少，在地震作用下，也没有足够的试验成果表明这样节点的破坏机理与梁柱节点区的破坏机理相同，通常设计人员会要求梁中的纵向受力钢筋的锚固和梁端的箍筋加密均按框架梁的构造要求进行施工。

梁一端的支座为非框架柱，无抗震设防时处理比较简单，梁中的纵向受力钢筋可按非框架梁在边支座锚固要求进行施工，梁端部不需要设置箍筋加密区。而有抗震设防要求时，梁的一端是框架柱、另一端是梁或框架梁时，其纵向受力钢筋可按非抗震构造要求在支座内锚固，梁端也不需要设置箍筋加密区。梁的另一端是与梁平行的抗震墙时，其纵向钢筋应按抗震构造要求在墙内锚固，并应根据梁的跨高比采取不同的构造措施。特别要注意在顶层时，应按抗震墙的连梁的构造做法，在墙内设置梁的箍筋。

处 理 措 施

（1）梁一端为框架柱时，纵向受力钢筋应按框架梁柱节点的构造措施处理，即锚固在节点核心区内。有抗震设防要求的结构，梁端应设置箍筋加密区。

（2）梁的另一端为梁或框架梁，无论是否有抗震设防要求，纵向钢筋在支座内的锚固长度可按非抗震构造要求处理。上部纵向钢筋采用直线锚固时，可伸入到混凝土强度等级不小于 C20、厚度不小于 80mm 的楼、屋面板内。见图 3-46。当不满足直线锚固要求时，可采用弯折锚固，其构造做法与次梁边支座要求相同，见图 3-47。梁端也不需要设置箍筋加密区。

（3）当梁的另一端的支座为与梁平行的混凝土墙时，若有抗震设防要求且梁的高宽比大于 5，则宜按框架梁构造要求配筋，梁的端部设置箍筋加密区。而高宽比小于等于 5 时，应按抗震墙的连梁要求配置钢筋及采取相应的构造措施。见图 3-48。

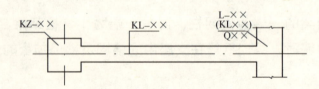

图 3-45 平面图

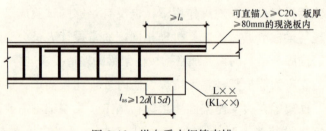

图 3-46 纵向受力钢筋直锚

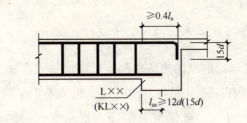

图 3-47　上部纵向钢筋在梁支座弯锚

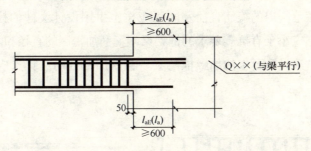

图 3-48　上、下部纵向受力钢筋在墙内直锚

3.20　框架梁端部加腋时，增设的纵向构造钢筋在梁及柱内的锚固要求，有抗震设防要求时梁端箍筋加密起算点的位置

　　框架梁的梁端加腋有两种形式，一种为增加梁的截面高度而宽度不改变，称之为竖向加腋，通常的是为提高梁端部受剪承载能力而设置，如有的框支梁端就设置竖向加腋。另一种形式是不增加梁的截面高度仅增大宽度，称之为水平加腋。水平加腋通常在有抗震设防要求的框架结构中设置，是由于框架梁与框架柱的中心线之间偏心距大于该方向框架柱宽度的 1/4，用增加梁端宽度设置水平腋的措施来减小梁对柱的偏心过大、对梁柱节点核心区受力的不利影响。根据国内外的试验综合结果表明，采用在框架梁端增设水平腋的方法，可以明显改善梁柱节点承受反复水平荷载的性能。

　　梁端增设的纵向构造钢筋，施工图设计文件均会标注其直径及根数，并应按抗拉钢筋的锚固长度可靠地锚固在框架梁和框架柱内。有抗震设防要求的框架梁端的箍筋加密区长度，不应从柱端起算。

处理措施

(1) 梁端部加腋增设的纵向构造钢筋应可靠地锚固在框架梁及框架柱内，并满足锚固长度的要求。见图 3-49、图 3-50。根数不少于两根。竖向加腋增设的纵向构造钢筋，可以比框架梁下部伸入框架柱内锚固的纵向钢筋减少一根。

(2) 加腋范围内的箍筋直径及间距应按施工图设计文件的标注施工。当未标注时，不应小于有抗震要求的框架梁端箍筋加密区的直径和间距。

(3) 有抗震设防要求的加腋框架梁，箍筋加密区的起算点应从加腋弯折点计。

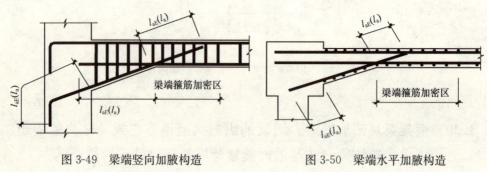

图 3-49 梁端竖向加腋构造　　　　图 3-50 梁端水平加腋构造

3.21 框架梁与框架柱的宽度相同，或框架梁的一侧与框架柱平齐时，框架梁纵向受力钢筋保护层厚度较大，采取的满足耐久性要求的构造措施

在框架结构体系中，经常会遇到框架梁和框架柱的宽度相同，或框架梁与框架柱一侧相平的情况，这时框架梁的最外侧纵向钢筋应从框架柱外侧钢筋的内侧通过。框架柱的纵向钢筋最小保护层厚度为 30mm，而框架梁的最小保护层厚度为 25mm，框架梁最外侧的纵向钢筋会采用坡度弯折通过框架柱的外侧钢筋的方式，在此部位框架梁的保护层厚度会增大，在正常使用中该处混凝土的保护层会开裂，影响受力钢筋与混凝土之间的"握裹"作用，使混凝土与钢筋的共同工作受到影响，也会影响构件的耐久性。特别是结构的外

围构件及在露天环境下的暴露结构，以及有侵蚀性介质作用的环境中，梁、柱的纵向钢筋保护层厚度会较厚，更应该注意采取防裂构造措施。

现行《混凝土结构设计规范》GB 50010 中规定，当梁、柱混凝土纵向钢筋保护层厚度大于 40mm 时，应对保护层采取有效的防裂构造措施。施工图设计文件中应对梁、柱纵向钢筋混凝土保护层厚度大于 40mm，或者局部保护层厚度较厚的时候提出构造防裂措施。当设计文件中未注明防裂做法时，应与设计单位沟通采取相应的措施。

梁、柱节点区保护层厚度大于 40mm 时，可采用较细的钢筋制成网片或采用成品钢丝网片在距构件表面一定距离放置。对于有抗震设防要求的结构，该处是框架梁箍筋加密区，保护层的开裂会影响框架梁的抗震性能，也影响梁中纵向受力钢筋的承载能力。因此要采取有效的防裂措施。

处 理 措 施

（1）框架梁上、下最外侧纵向受力钢筋应按坡度小于 1∶25 从框架柱外侧钢筋的内侧通过。

（2）在保护层厚度大于 40mm 的部位设置构造的钢筋网片，距梁的外边缘的距离不大于 15mm，梁端伸入正常保护层内的长度不小于 l_a。见图 3-51、图 3-52。

（3）构造防裂钢筋网片水平和竖向可采用 $\phi 6@200$，或成品的钢筋网片和钢板网片。

（4）当梁、柱构件的保护层厚度均大于 40mm 时，除采用设置防裂的钢筋网片的做法外，也可以采用添加纤维的制成的混凝土，不但可以避免保护层的开裂也可以提高构件的防裂性能。

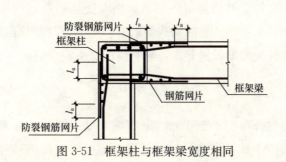

图 3-51 框架柱与框架梁宽度相同

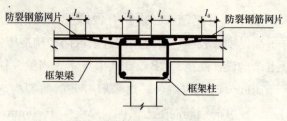

图 3-52 框架梁一侧与框架柱平

3.22 折线梁下部纵向受力钢筋断开设置的要求，该处箍筋加密构造措施

折线梁在竖向荷载作用下，下部的钢筋受拉，当折线梁的弯折角度较小时，受拉区的混凝土会发生崩裂，而导致梁的承载能力降低或破坏。因此下部纵向受力钢筋不应采用整根弯折设置，而应将下部纵向受力钢筋在弯折角处断开分别斜向伸至梁的上部，并在满足锚固长度后截断。当折线梁的弯折角度较大时，下部纵向受力钢筋可采用整根配置。弯折角较小时，也可采取在内折角处增加托角的配筋方式。

考虑到梁下部纵向钢筋截断后不能在梁上部受压区完全锚固，因此需要在此处配置箍筋来承担这部分受拉钢筋的合力。现行《混凝土结构设计规范》GB 50010 中规定，当内折角位于受拉区时，在折角处需增设箍筋，增设的箍筋的直径和间距是根据强度计算而配置的，该箍筋应能承受未能在受压区锚固的纵向受拉钢筋的合力，即在任何情况下不应小于全部纵向钢筋合力的 35%。箍筋配置长度范围 s 与内折角的大小有关。增设的箍筋并不是简单的加密构造要求。

通常在设计文件上都会规定该处下部纵向受拉钢筋和增设箍筋的构造做法，倘若设计文件未明确该处的构造要求时，应与设计单位沟通明确其做法。不应按构造配置该处的增设箍筋，否则对构件是不安全的。

处 理 措 施

(1) 当梁的内折角小于 160°时，下部纵向受力钢筋应在弯折处断开，分别斜向上伸入梁的上部，在满足锚固长度后截断，上部钢筋可整根配置。见

图 3-53。

(2) 也可以采取在内折角处增设托角的配筋方式,截断的下部纵向钢筋及角托附加纵向钢筋均应满足锚固长度的要求。见图 3-54。

(3) 在弯折处增设的箍筋按计算的钢筋直径和间距要求配置在 s 的范围内,见图 3-53~图 3-55。其中,$s=h\tan(\alpha/8)$(α 为内折角度)。

(4) 当内折角≥160°时,梁下部纵向钢筋可以采用折线形配置,不必截断,箍筋按计算的需要配置,其范围同无托角的长度 s。

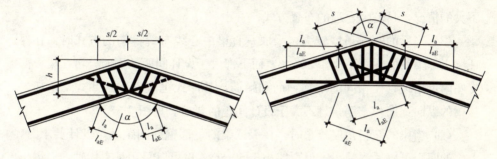

图 3-53　梁内折角小于 160°的构造做法　　图 3-54　内折角小于 160°加托角构造做法

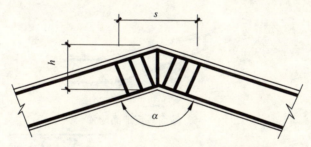

图 3-55　梁内折角大于等于 160°的构造做法

3.23　变截面斜向上的悬臂梁中箍筋配置的构造措施

在体育场馆等工程中,经常会有变截面向上倾斜的悬臂梁。由于悬臂梁与支座或柱不是正交,在梁根部支座处箍筋配置的合理性很重要。梁的根部是剪力最大处,如果箍筋间距达不到设计要求会影响结构的安全。

这样的悬臂梁向上倾斜且为变截面,通常会造成梁根部的箍筋上部间距较小而下部间距过大,合理的布置钢筋才能承担剪力的作用。无抗震设防要求时，梁的根部不需要箍筋加密，有抗震设防要求时，长悬臂要考虑竖向地震作用的不利因素，通常的做法是将箍筋全长加密处理。

处 理 措 施

（1）箍筋的配置方式可采用垂直梁的轴线和垂直地面两种方式。

（2）垂直地面布置时，梁的箍筋间距可以满足设计的要求，从梁的根部开始按设计间距向端部全长摆放（图3-56），支座处的箍筋间距不会出现上小下大的情况，是较为合理的布置方式。

（3）当梁的倾斜角度较大、采取垂直梁中心线布置箍筋的方式时，在保证梁上部箍筋的间距不小于50mm、而下部大于设计间距的同时，可在梁根部支座附近增设直径相同的附加箍筋和腰筋，其形式也应做成封闭式，角部勾住梁的纵向钢筋和腰筋，且不大于设计间距的要求。见图3-57。

（4）当梁的倾斜角度较小时，在保证梁的下部箍筋间距满足设计要求时，上部的间距可以适当减小，但不能小于50mm；也可以采用垂直梁轴，沿梁长度方向全长布置。

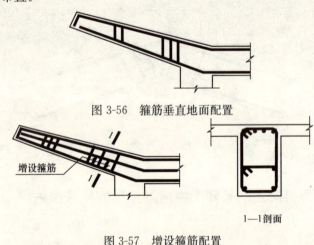

图3-56 箍筋垂直地面配置

图3-57 增设箍筋配置

3.24 框架梁、次梁的箍筋在抗震和非抗震设计时，端部弯钩及直线段的构造要求

目前在工程中，构件中的箍筋形式均要求做成封闭式，非封闭式和开口

式的箍筋形式已不再使用。有、无抗震设防要求的框架梁、次梁的箍筋在封闭口处均应做成 135°的弯钩，只是弯钩后的平直段的长度要求不同。抗扭箍筋的封闭口处也做成 135°的弯钩，并要有足够的平直段。当梁中的抗扭箍筋采用复合箍筋时，在梁截面内的箍筋截面面积不计入受扭所需要的面积，即仅考虑梁截面最外侧的箍筋截面面积为抗扭箍筋的截面面积。

对于有抗震设防要求的框架梁，当采用复合箍筋时，宜采用大箍套小箍的箍筋形式。次梁的箍筋应采用非抗震的构造措施。

箍筋封闭口的位置宜放置在梁的上部，并交错放置。根据震害表明，封闭口的位置放置在梁的下部，在地震反复作用下封闭口宜被拉脱，使箍筋的工作能力失效而导致不能承担地震剪力而破坏。

处理措施

(1) 梁箍筋形式可做成双肢箍、三肢箍、多肢复合箍，见图 3-58。

(2) 有抗震设防要求的框架梁，箍筋应为封闭式箍筋，在封闭口处做成 135°的弯钩，弯钩端部的直线长度不应小于箍筋直径的 10 倍和 75mm 两者较大值；见图 3-59 (a)。

(3) 无抗震设防要求的框架梁、次梁，也应做成封闭式箍筋，在封闭口处做成 135°的弯钩，弯钩端部的直线长度不应小于箍筋直径的 5 倍。见图 3-59(b)。

(4) 抗扭箍筋的封闭口的做法同有抗震设防要求的框架梁，但直线段的长度不小于箍筋直径的 10 倍。

(5) 单肢箍筋的端部做法与箍筋做法相同，直线段的长度应根据是否有抗震设防要求而确定。见图 3-60。

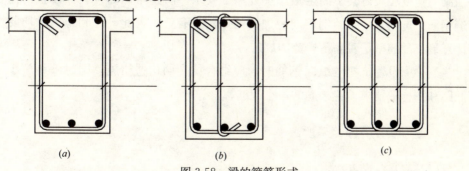

图 3-58 梁的箍筋形式

(a) 双肢箍；(b) 三肢箍；(c) 多肢复合箍筋

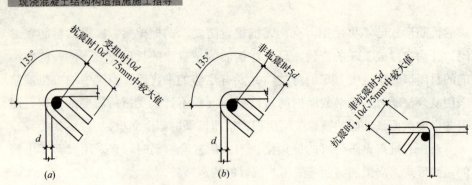

图 3-59 梁箍筋封闭口构造做法　　图 3-60 梁单肢箍筋构造做法
（a）有抗震设防要求；（b）无抗震设防要求

3.25 梁配置腰筋的腹板高度计算原则，腰筋最小配筋率的构造规定

梁中的腰筋是按抗扭计算需要和防止垂直梁轴混凝土裂缝而设置的构造钢筋，按"平法"绘制的施工图设计文件，根据国家标准设计图集 03G101-1 中的制图规定，抗扭纵向腰筋开头为"N"而按构造要求设置的梁侧面纵向钢筋开头为"G"。构造钢筋除有最大的间距要求外还有最小配筋率的要求。《混凝土结构设计规范》规定，当梁腹板高度 $h_w \geqslant 450mm$ 时，在梁两个侧面沿梁高度范围内配置纵向构造钢筋。梁的腹板高度应按规范规定的计算方法计算，对不同的梁截面形式计算高度是不同的，简单把腹板的高度理解为梁肋的高度是不准确的。

在有些施工图设计文件中，对腰筋的设置仅要求最小间距和钢筋的直径，当梁的宽度较大时会不满足最小配筋率的要求。防止梁侧面开裂而设置的构造钢筋，选用直径小的钢筋间距加密的做法更有效。因此设计和施工时均要注意最小配筋率是否满足规范的规定。

当梁中设置抗扭的纵向钢筋时，应结合抗裂的构造措施，同时满足最小间距和按构造要求设置腰筋的最小配筋率。

处理措施

（1）腹板高度 h_w 的计算：

① 矩形截面取有效高度 h_0，见图 3-61。

② T形截面取有效高度减去翼缘高度h_f，见图 3-62。

③ 对工字形截面取梁肋的净高h_w，见图 3-63。

(2) 梁有效高度h_0的计算：为梁上边缘至梁下部钢筋合力中心的位置。

① 梁下部为单排钢筋时，有效高度$h_0=h-35\text{mm}$（h为梁截面高度）；

② 梁下部为双排钢筋时，有效高度$h_0=h-70\text{mm}$。

(3) 构造钢筋的最小配筋率不应小于腹板截面面积的 0.1‰（不包括梁上、下部的受力钢筋和架立钢筋）。

(4) 腹板的配筋率计算：$\rho=A_s/bh_w$（％）。

(5) 梁侧面构造腰筋沿梁高度方向间距不大于 200mm。

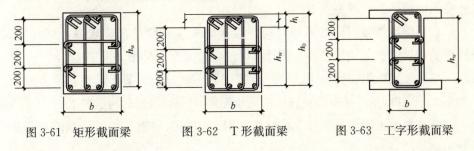

图 3-61　矩形截面梁　　　图 3-62　T形截面梁　　　图 3-63　工字形截面梁

3.26　梁两侧的楼板的标高不相同时，配置构造腰筋时梁的腹板高度的计算方法

梁两个侧面配置构造腰筋的目的是防止梁侧面产生垂直于梁轴的裂缝，当两侧的楼板不在一个标高时，较低的楼板一侧对梁侧面开裂有一定的约束作用，而较高一侧则会出现开裂的现象。从构造角度考虑应从较高的楼板处计算梁的腹板高度，如果梁腹板的高度$h_w\geqslant 450\text{mm}$就应设置构造腰筋，且要满足沿梁高度方向间距不大于 200mm，也要满足构造腰筋的最小配筋率不应小于腹板截面面积的 0.1‰（不包括梁上、下部的受力钢筋和架立钢筋）的构造要求。

现行《混凝土结构设计规范》GB 50010 对梁侧面设置构造腰筋的规定，是考虑当梁的截面尺寸较大时，有可能在梁的侧面产生垂直梁轴线的收缩裂缝，针对在工程中使用大截面尺寸现浇混凝土梁日益增多的情况，根据工程经验对梁侧面纵向构造钢筋的最小配筋率和最大间距作出了较为严格的规定。

在工程设计中,应注意除满足不大于规范规定的构造腰筋的间距规定,还应验算最小配筋率。在施工图设计文件中,仅用文字说明要求梁侧面配置构造纵向钢筋,对于截面较大(梁宽度较宽时)可能不满足最小配筋率的构造规定。建议宜按"平法"制图规定,在梁的平法施工图设计文件中采用集中标注或原位标注,不但方便施工,也会使其注意验算最小配筋率是否满足构造要求。

处理措施

(1) 梁两侧楼板在同一标高时,梁腹板的高度计算应按有关规定执行,构造纵向腰筋的设置见图 3-64。

(2) 梁两侧楼板标高不相同时,腹板高度应按梁肋高度较高一侧计算,腹板的截面面积也应按较高一侧计算梁的有效高度。见图 3-65。

(3) 梁侧面纵向构造腰筋的间距按较高一侧腹板计算,沿梁高度方向间距不大于 200mm,并应满足腹板的最小配筋率 $\rho \geqslant 0.1\%$ 的构造要求。

(4) 当施工图设计文件无特殊注明时,构造纵向钢筋的拉结钢筋可采用交错隔一拉一布置。

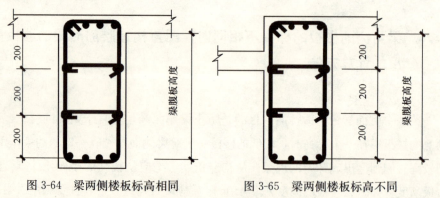

图 3-64　梁两侧楼板标高相同　　　图 3-65　梁两侧楼板标高不同

3.27　梁中纵向受力钢筋水平净距,以及竖向多于一排钢筋时的最小净距的构造要求

现浇混凝土梁中纵向受力钢筋的净距应满足构造要求,最小净距的构造

要求是为保证混凝土与钢筋间有足够的"握裹力",使这两种不同的材料在荷载作用下能共同工作,水平净距的最小要求也方便混凝土的浇筑及振捣。

施工中梁纵向受力钢筋的竖向净距不满足在设计位置的要求是经常出现的问题,特别是在梁上部的第二排钢筋,由于施工措施不当不能放置在设计要求的位置,净距太大会降低梁的承载能力。当梁的下部纵向受力钢筋多于两层时,第三层钢筋的水平距应加大,且避免与下部两层钢筋错位放置,保证下部纵向钢筋间混凝土的密实。

梁纵向受力钢筋间的最小净距除满足最小构造尺寸要求外,对钢筋直径较大时还应满足不小于钢筋直径的要求。水平净距可根据梁的宽度及钢筋直径适当地加大,为保证梁的承载能力,上、下纵向受力钢筋的竖向最小净距不能随意地加大。按钢筋直径的因素计算最小净距时,当同层或上、下层钢筋直径不同时,应按较大钢筋直径计算净距。

处理措施

(1) 梁上部纵向受力钢筋水平方向的最小净距(钢筋外边缘间的距离)不应小于 30mm 和 1.5d(d 为上部钢筋直径较大值)中的较大值。见图 3-66。

(2) 梁下部纵向钢筋不多于两层时,水平方向的最小净距不应小于 25mm 和较大钢筋直径 d 中的较大值。

(3) 梁的下部纵向钢筋多于两层时,两层以上纵向钢筋的水平中距应至少比下面两层中距增大一倍。见图 3-67。

(4) 上、下层钢筋多于一层时,上、下层的钢筋在同一位置不应交错放置。

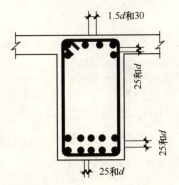 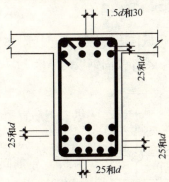

图 3-66 梁下部两层纵向钢筋　　图 3-67 梁下部多于两层纵向钢筋

(5) 各层间钢筋的净距不小于 25mm 和钢筋直径 d（d 为各层钢筋直径较大者）的两者较大值。

(6) 纵向钢筋采用绑扎搭接连接的接头部位净距及机械连接的连接件间的净距，应满足最小净距的构造要求。

3.28 梁中纵向受力钢筋采用末端与钢板穿孔塞焊锚固的构造要求及处理措施

当梁纵向受力钢筋的直锚长度不能满足要求时，除采用弯折锚固的方式外，也可以采用机械锚固。机械锚固是减少直锚长度的有效方式。根据我国的试验和施工经验，常用的机械锚固方式有三种：钢筋末端带 135°弯钩、钢筋末端与钢板穿孔塞焊和钢筋末端与短钢筋双面焊接。采用这三种机械锚固方式时，锚固长度的修正系数为 0.7。

机械锚固长度的修正系数是有试验和可靠度分析依据的，锚固总长度应包括附加锚固端头的尺寸在内。当有抗震设防要求时锚固点长度为 $0.7l_{aE}$，无抗震设防要求时为 $0.7l_a$。现行的《混凝土结构设计规范》GB 50010 规定，当纵向受力钢筋的种类为 HRB335、HRB400 和 RRB400 级时，可采用端部机械锚固措施。为了提高混凝土在锚固区内对纵向钢筋的约束，维持锚固能力，在总锚固区长度范围内还应按构造要求配置箍筋。

处 理 措 施

(1) 机械锚固总长度应包括附加锚固端头在内。采用穿孔塞焊的机械锚固方式时，端部锚固钢板的厚度 t 应与纵向钢筋的直径 d 相同。

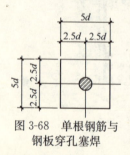

图 3-68 单根钢筋与钢板穿孔塞焊

(2) 单根钢筋端头锚固钢板的长、宽尺寸不小于纵向钢筋直径的 5 倍（$5d$）。见图 3-68。

(3) 当遇同排多根钢筋时，端头锚固钢板的宽度为 $5d$，钢筋间的净距应满足最小净距要求；最外侧钢筋中心至钢板的外边缘应不小于 $2.5d$。见图 3-69。

(4) 纵向钢筋在锚固钢板穿孔内的长度，不小于钢板厚度的一半,并采用可靠的塞焊。见图3-70。

(5) 在总锚固长度范围内应设置附加构造箍筋,箍筋不少于3个,直径不小于纵向钢筋直径的0.25倍,箍筋间距不应大于纵向钢筋直径的5倍。

(6) 当纵向钢筋的保护层厚度不小于$5d$时,在总锚固长度范围内可不配置附加构造箍筋。

(7) HPB235级钢筋不适合采用端部机械锚固的方式。

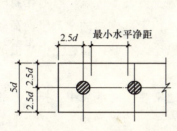
图3-69 多根钢筋与钢板穿孔塞焊

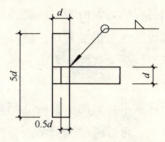
图3-70 末端与钢板穿孔塞焊

3.29 在底部框架-抗震墙、上部砌体结构体系中,托墙梁上部砌体墙开洞时,托墙梁在洞口两侧箍筋加密的构造措施及纵向钢筋的构造要求

由于国家标准设计图集03G101-1的制图规则和表示方法给现浇混凝土结构的施工图设计文件提供了很大的方便,因此许多底部框架-抗震墙上部砌体结构中的托墙梁也采用这样的表达方式,相应构造详图也应绘制。托墙梁是组合构件在静力竖向荷载作用下,混凝土托墙梁与上部的砌体墙组合共同工作,受力机构是一个拉杆拱,试验表明托墙梁是偏心受拉构件。托墙梁上部砌体墙上开洞的位置是对承担竖向荷载产生影响的主要因素。当洞口开在梁跨的中间部位时,洞口位于墙体的低应力区,虽然开洞后墙体有所削弱,但并未严重影响拉杆拱的受力机构,在静力作用下仍可以考虑墙梁的组合作用,与无洞口墙梁的受力机构基本一致,仍然可以使墙梁荷载由于内拱作用有所分散。

当偏开洞口时,在地震作用下墙梁的内力比较复杂,拉杆拱的受力机构受到影响，砌体的某些部位首先达到极限状态便形成不同的破坏形态。托梁除在组合结构中起到拉杆作用外，还具有梁的受力特征，称之为梁-拱组合机构。影响托墙梁承担竖向荷载的最不利因素是跨端的洞口。现行《砌体结构设计规范》GB 50003 对偏开洞口的托墙梁（包括框支墙梁和托墙次梁）的构造措施有强制性的规定，设计和施工中均应严格执行。

底部框架-抗震墙、上部砌体这种结构体系，虽然在结构抗震性能方面并不值得提倡，但由于它的造价相对低和施工方便等优点，当前在我国大部分抗震设防地区仍被采用。底部托墙梁要承担上部砌体的全部竖向荷载，是非常重要的受力构件，影响到整体结构的安全，在设计和施工中应更加重视其构造措施。

在水平和竖向荷载的共同作用下，通常在多遇地震中，托梁上部的墙体未开裂，可以考虑墙梁的组合作用；而在罕遇地震作用下，托梁上部砌体墙已严重的开裂，托墙梁的组合受力机构受到严重的影响，组合性能被削弱，受力特性也变得复杂，可不考虑墙梁的组合作用。

处理措施

(1) 在梁端 1.5 倍梁高 h_b 且不小于 1/5 梁净跨范围内，箍筋应加密，其间距不应大于 100mm，非加密区间距不应大于 200mm。

(2) 上部墙体的洞口在托墙梁的跨中时，在洞口的范围内及洞口两侧各 500mm 且不小于梁高 h_b 的范围内加密箍筋，间距不应大于 100mm。见图 3-71。

(3) 墙梁偏开洞口时，在洞口的宽度范围内、洞口距较近的支座范围内、洞口距较远支座一个梁高 h_b 的范围内，箍筋应加密，其间距不大于 100mm。见图 3-72。

(4) 梁底部的纵向受力钢筋应通长设置，不得弯起和截断；梁顶部的纵向钢筋不应小于底部纵向钢筋的 1/3，且至少有 2φ18 通长钢筋。

(5) 沿梁高设置腰筋，数量不少于 2φ12（抗震 2φ14），间距不应大于 200mm。

(6) 梁的上、下部纵向受力钢筋及腰筋应按受拉钢筋的要求锚固在支座内，框支墙梁支座上部纵向钢筋在框架柱内的锚固要求，应符合混凝土框支梁的有关构造要求。

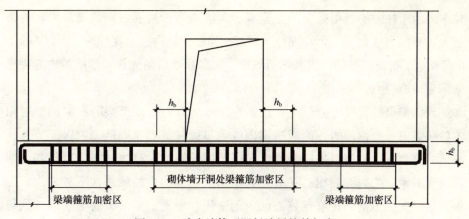

图 3-71 跨中墙体开洞托墙梁箍筋加密

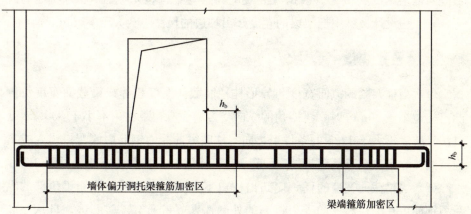

图 3-72 墙体偏开洞托墙梁箍筋加密

3.30 异形柱框架结构中,框架梁纵向受力钢筋在异形框架柱内通过及锚固的处理措施

在异形柱框架结构中,由于框架柱肢的截面宽度较小,框架梁的宽度均等于或宽于框架柱,框架梁的纵向钢筋在框架柱内穿过与普通框架梁的要求是不同的。当框架梁与框架柱肢的宽度相同或梁宽每侧凸出柱边小于50mm时,框架梁的纵向钢筋应向本柱肢纵向受力钢筋的内侧弯折锚固或通过梁柱节点核心区,梁的纵向弯折钢筋并应满足一定的坡度和距柱边的最小距离的

要求。由于柱边的折角处会产生垂直于梁纵向弯折钢筋方向的撕拉力，折角越大，撕拉力越大。为此，现行《混凝土异形柱结构技术规程》JGJ 149 的第 6 章规定了折角起点的位置和弯折坡度。并采用增添附加封闭箍筋的构造要求来承受该撕拉力。

当框架梁的宽度每侧凸出柱边不小于 50mm 时，框架梁的纵向钢筋应向本柱肢纵向受力钢筋的外侧弯折锚固或通过梁柱节点核心区。为保证节点核心区的完整性，要控制从柱外侧纵向钢筋的外侧锚入或通过的梁上部和下部纵向受力钢筋的截面面积。在节点处 1 倍梁高范围内的腰筋伸至柱外侧。为保证梁纵向受力钢筋在节点核心区内的锚固和贯通，要求梁的箍筋设置到与另一向框架梁的交接处。根据《混凝土异形柱结构技术规程》JGJ 149 的规定，在工程设计文件中框架梁的宽度凸出柱边的尺寸不会大于 75mm。

处 理 措 施

(1) 当框架梁的截面宽度与异形柱柱肢截面厚度相等或梁截面宽度每侧凸出柱边小于 50mm 时，梁四角的纵向受力钢筋应在距柱边不小于 800mm 处且满足坡度不大于 1/25 的条件下，向本柱肢纵向受力钢筋内侧弯折锚入或贯通节点核心区。在梁筋弯折处应设置不少于 2ϕ8 的附加封闭箍筋，见图 3-73。

(2) 当梁截面宽度的任一侧凸出柱边不小于 50mm 时，该侧梁角部的纵受力钢筋可在本柱肢纵向受力钢筋的外侧锚入或贯通节点核心区，且从柱肢纵向受力钢筋内侧锚入或贯通的梁上部、下部纵向钢筋，分别不宜小于梁上部、下部总线钢筋截面面积的 70%；见图 3-74。

(3) 当梁纵向钢筋弯折区段内混凝土的保护层厚度大于 40mm 时，还应采取有效的防裂构造措施。

(4) 当梁的上部、下部角筋从柱的外侧锚固或贯通节点区核心时，梁的箍筋配置范围应延伸到与另一方向框架梁的相交处，且在节点处一倍梁高范围内梁的腰筋伸至柱外侧。见图 3-75。

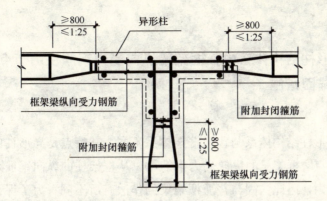

图 3-73 梁纵筋从柱筋内侧通过

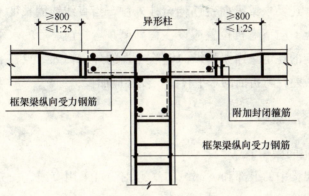

图 3-74 梁部分纵筋从柱外侧通过

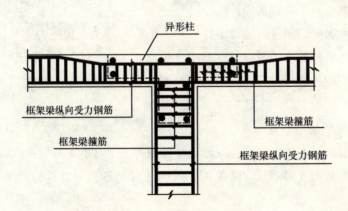

图 3-75 梁箍筋在柱内加密

3.31 异形柱结构体系中，框架梁纵向受力钢筋在端节点核心区内的锚固措施

由于异形柱结构体系与普通框架体系不同，其特点是异形柱的柱肢截面厚度较小，有时框架梁的纵向受力钢筋可以从框架柱的纵向钢筋外侧锚固在节点核心区内，因此锚固与普通框架梁的作法有所不同。为了保证框架梁纵向受力钢筋在端节点锚固的可靠性，采用直线锚固方式时，除要满足锚固长度的要求外，还要求梁纵向钢筋伸至柱外侧。当直线锚固长度不足时，梁纵向钢筋的向上、向下弯折位置应设在柱外侧，弯折前、后的水平和竖直的投影长度有一定的规定。当梁的纵向钢筋在柱的外侧锚入节点核心区时，由于锚固的条件较差，弯折前的水平投影长度还应加长。

处理措施

1. 框架中间层端节点

（1）框架梁中的上部和下部纵向受力钢筋可采用直线锚固方式锚入端节点，锚固长度除满足不应小于 l_{aE}（l_a）外，还应满足伸至柱外侧的要求。

（2）当水平直线段锚固长度不足时，梁上、下部纵向钢筋应伸至柱外侧并分别向上、向下弯折锚固。

（3）梁纵向钢筋弯折的内半径不宜小于 $5d$（d 为纵向受力钢筋的直径）。

（4）弯折前的水平投影长度不应小于 $0.4l_{aE}$（$0.4l_a$）。当框架梁的纵向钢筋在柱外侧伸入节点核心区内锚固时，则不应小于 $0.5l_{aE}$（$0.5l_a$）。弯折后的竖直投影长度为 $15d$。见图 3-76。

2. 框架顶层端节点

（1）框架梁上部纵向钢筋应伸至柱外侧并向下弯折到框架梁底部标高。

（2）框架梁下部钢筋应设置在柱外侧并向上弯折，弯折后的竖直投影长度为 $15d$。

（3）梁纵向钢筋弯折的内半径不宜小于 $6d$（d 为纵向受力钢筋的直径）。

（4）弯折前的水平投影长度不应小于 $0.4l_{aE}$（$0.4l_a$）。当框架梁的纵向钢

筋在柱外侧伸入节点核心区内锚固时，则不应小于 $0.5l_{aE}$（$0.5l_a$）。弯折后的竖直投影长度为 $15d$。见图 3-77。

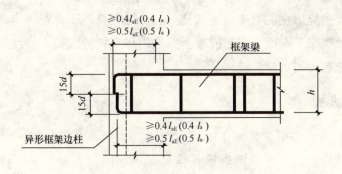

图 3-76　楼层梁纵筋在端节点锚固

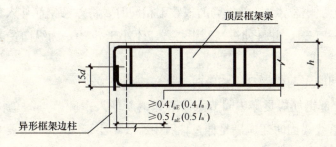

图 3-77　顶层梁纵筋在端节点锚固

3.32　异形柱结构体系中，在中间层的中间节点框架梁纵向受力钢筋核心区内的处理措施

考虑到异形柱的柱肢截面厚度较小，在中间柱处当两侧框架梁的高度相同时，要求梁下部钢筋应贯通中间节点，如果钢筋在节点核心区内切断锚固，会使节点下部的钢筋过于密集，造成施工困难并影响节点核心区的受力性能。上、下部的各排钢筋尽量保证直径相同，当两侧的钢筋根数不相同时，差额钢筋伸入节点后要满足锚固长度后截断，但还应伸过柱中心线后 $5d$，这两条要同时满足。

两侧梁的高度不相同时，上部钢筋应贯通节点，截面高度较矮的框架梁下部钢筋伸入节点内满足锚固长度后截断，还应保证伸过柱中心线后不小于 $5d$。当截面高度较高的框架梁下部钢筋在节点内锚固时，可采用弯折锚固方式。但必须保证足够的水平段和弯折后的竖直投影长度段。

每层楼的异形柱混凝土应连续浇筑、分层振捣，不得在柱净高范围内留置施工缝。框架节点核心区的混凝土应采用相交构件混凝土强度等级最高值施工，并应振捣密实。

处 理 措 施

1. 中间节点两侧梁高相等时

(1) 梁的上、下部纵向钢筋各排宜采用相同的直径，并应在中间节点贯通。

(2) 当两侧框架梁下部钢筋的根数不相同时，将差额钢筋伸入节点的总长度不小于 l_{aE} (l_a)，并且伸过柱肢中心线应不小于 $5d$ (d 为纵向受力钢筋的直径)。见图 3-78。

2. 中间节点两侧梁高不相等时

(1) 上部钢筋应贯穿中间节点，下部钢筋伸入中间节点的总长度不小于 l_{aE} (l_a)，直线锚固时还应满足伸过柱肢中心线不小于 $5d$ 的构造要求。

(2) 采用弯折锚固时，弯折前的水平投影长度不应小于 $0.4l_{aE}$ ($0.4l_a$)。当框架梁的纵向钢筋在柱外侧伸入节点核心区内锚固时，则不应小于 $0.5l_{aE}$ ($0.5l_a$)。弯折后的竖直投影长度为 $15d$，且还应满足总锚固长度不小于 l_{aE} (l_a) 的要求。见图 3-79。

(3) 梁下部纵向钢筋弯折的内半径不宜小于 $5d$ (d 为纵向受力钢筋的直径)。

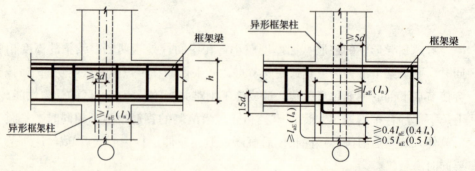

图 3-78　梁非贯通下部钢筋在中节点锚固　　图 3-79　不等高梁下部钢筋在中节点锚固

3.33 深受弯构件中的简支深梁钢筋的构造处理措施

当梁的计算跨度（l_0）与梁的高度（h）之比小于 5.0（$l_0/h<5.0$）时，简支的混凝土单跨梁或多跨连续梁在计算时均按深受弯构件设计，其中 l_0/h ≤2.0 的简支混凝土单跨梁和 l_0/h≤2.5 的简支混凝土多跨连续梁，被称之为深梁。当 l_0/h≥5.0 时为普通梁。根据试验结果表明，l_0/h 大于深梁但又小于 5.0 的普通梁，在工程中被习惯称为"短梁"，短梁的受力特点与深梁和普通梁不完全相同，它相当于深梁和普通梁之间的一种过渡受弯构件，其设计方法及构造要求也不同于深梁和普通梁。本条仅适用于深梁的构造处理措施，不要与"短梁"、普通梁的构造要求混淆。

在设计时，简支深梁与普通梁的内力计算相同，但连续深梁的内力值及其沿跨度的分布规律与普通连续梁不一样，其跨中的正弯矩比普通连续梁偏大，支座弯矩偏小，且随跨高比和连续的跨数而变化。由于深梁的跨高比较小，为增强深梁的侧向稳定、并将深梁的荷载通过梁柱交接面传到竖向支撑构件上、改善深梁的受剪及局部受压性能，构造上要求支承深梁的柱伸至梁顶部，以形成深梁的加劲肋。

深梁的下部纵向受力钢筋的配置范围与普通梁不相同，根据现行《混凝土结构设计规范》GB 50010 中的规定，应配置在梁下边缘以上的一定高度范围内。连续深梁中间支座上部的纵向受力钢筋，与普通梁的配置要求不同，应根据深梁的跨高比，在相应的高度范围内均匀布置。深梁通常采用双排钢筋，钢筋间设置拉结钢筋，在支座的一定范围内还应适当地增加拉结钢筋的数量。

由于深梁在垂直裂缝及斜裂缝出现后，将形成拉杆拱的传力机制，此时在下部受拉钢筋直到支座附近拉力仍然较大，下部纵向受拉钢筋在支座内应可靠地锚固。这是因为在拉杆拱的拱肋压力协同作用下，钢筋锚固端的竖向弯钩可能引起深梁支座区沿深梁中部的劈裂，所以下部纵向受力钢筋锚固端应采用平放的方式，并按 180°的方式锚固。

处 理 措 施

(1) 深梁的下部受拉纵向钢筋，布置在梁下边缘以上 $0.2h$ 高度的范围内。见图 3-80、图 3-81。

(2) 连续深梁的下部纵向受拉钢筋应全部通过中间支座。当必须截断时，应伸过支座的中心线，其自支座边缘算起的锚固长度不应小于 l_a。

(3) 连续深梁中间支座的上部纵向受拉钢筋，按跨高比均匀的配置在规定范围内，见图 3-82。

(4) 当跨高比 $l_0/h \leqslant 1.0$ 时，连续深梁的上部纵向受拉钢筋，在中间支座底面以上 $0.2l_0$ 到 $0.6l_0$ 的高度范围内的纵向受拉钢筋配筋率不小于 0.5%。

(5) 连续深梁中间支座的附加水平分布钢筋的长度，自支座向中间跨中延伸的长度不宜小于 $0.4l_0$。

(6) 深梁的下部纵向受拉钢筋应全部伸入支座内锚固，不应在跨中弯起或截断。在简支单跨深梁支座及连续深梁的端支座处，纵向受拉钢筋应沿水平方向弯折锚固，锚固长度为 $1.1l_a$，伸入支座内的水平直线段长度不应小于 $0.5l_a$。当不能满足锚固长度要求时，应采取在钢筋上焊接锚固钢板或将钢筋的末端焊接成封闭式等有效的锚固措施。

(7) 沿深梁端部竖向边缘的柱应伸至深梁的顶部，梁中水平分布钢筋应锚入柱内，在深梁上、下边缘处，竖向分布钢筋宜做成封闭式，见图 3-83。当采用搭接连接时，应在深梁的中部错位搭接，搭接长度为 $1.2l_a$，同一搭接

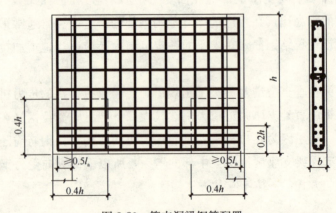

图 3-80 简支深梁钢筋配置

范围内的接头截面面积应小于钢筋总截面面积的 25%。

（8）深梁双排钢筋间应设置拉结钢筋，拉结钢筋沿水平和竖向的间距不宜大于 600mm，在支座区高度为 0.4h，长度为 0.4h 的范围内（图 3-77 和图 3-78 虚线范围内）应适当增加拉结钢筋的数量。

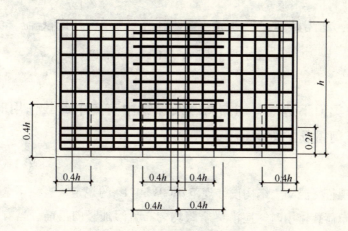

图 3-81 连续深梁钢筋布置

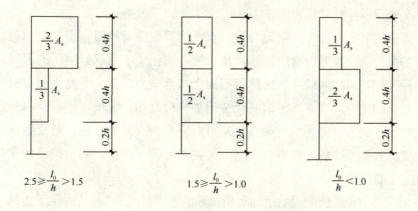

图 3-82 上部受拉钢筋配筋比例和布置范围

（A_s 为上部钢筋的总面积）

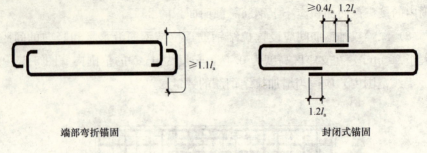

图 3-83 水平及竖向分布钢筋锚固

3.34 深梁沿下边缘有均布荷载及深梁中有集中荷载作用时,附加抗剪钢筋的处理措施

根据现行《混凝土结构设计规范》GB 50010 的规定,当深梁全跨沿下部边缘有均布荷载作用时,应沿梁全跨均匀布置附加竖向吊筋。当有集中荷载作用在深梁下部 3/4 高度范围内时,该集中力应全部由附加吊筋承担,吊筋可以采用竖向吊筋或斜向吊筋形式。竖向吊筋应布置在集中力两侧,应从梁底伸至梁顶,并在梁顶和梁底应做成封闭式。

当梁的高度范围内或在梁的下部有次梁等集中荷载时,需在集中荷载影响区的范围内设置附加横向钢筋,其目的是防止集中荷载影响区的下部混凝土拉脱并弥补间接加载导致的梁斜截面受剪承载力降低。不允许用布置在集中荷载影响区内的受剪横向钢筋代替附加横向钢筋。深梁水平和竖向分布钢筋对抗剪承载力的提高很有限,但是可以限制斜裂缝的发展。对控制深梁中的温度、收缩裂缝的出现也可以起到一定的作用。因此,必须按设计文件中的规定配置附加横向钢筋。

承受集中荷载所配置的附加竖向吊筋的布置范围 s,与从深梁下边缘到传递集中荷载构件(梁)底边高度 h_1 和传递集中荷载构件(梁)的截面高度 h_b 的比值 (h_1/h_b) 有关。当传来的集中荷载的次梁宽度 b_b 较大时,宜适当减小由 $3b+2h_1$ 所确定的附加钢筋布置宽度 s。当次梁与主梁高度差 h_1 较小时,宜适当增大附加钢筋的布置宽度 s。

当施工图设计文件有详图时,可按详图要求施工。而按"平法"绘制的施工图，施工时应计算其比值然后确定附加吊筋布置的范围。附加吊筋承担均布荷载及集中荷载时，由于其拉力强度不能充分地利用，因此设置的目的是为了控制荷载作用下裂缝的宽度。

处 理 措 施

(1) 当深梁下部沿全跨有均布荷载时，附加竖向吊筋应沿全跨均匀布置。间距应按施工图设计文件的规定且不宜大于 200mm。

(2) 当深梁承受集中荷载，施工图设计文件要求设置附加吊筋时，吊筋的布置范围 s 应满足下列要求：

当 $h_1 > h_b/2$ 时，　　　　　　$s = b_b + 2h_1$　　　　　　(3-1)

当 $h_1 \leqslant h_b/2$ 时，　　　　　$s = b_b + h_b$　　　　　　(3-2)

式中　h_b——传递集中荷载构件的截面高度；

　　　b_b——传递集中荷载构件的截面宽度；

　　　h_1——从深梁下边缘至传递集中荷载构件底部的高度。

(3) 承受集中荷载设置的附加吊筋形式应按施工图设计文件的规定执行，附加吊筋的形式可以是垂直的竖向吊筋，见图 3-84，也可以是斜向吊筋，见图 3-85。

(4) 集中力处的竖向吊筋应沿传递集中荷载构件的两侧布置，并从深梁底部伸至深梁的顶部，在梁顶和梁底做成封闭式。

(5) 采用附加斜向吊筋时，斜向的角度为 60°，附加吊筋下部水平段的弯折点距传递集中荷载构件外边缘的距离为 50mm。附加斜向吊筋的上部应伸至深梁的顶部。

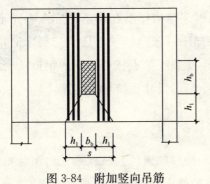

图 3-84　附加竖向吊筋

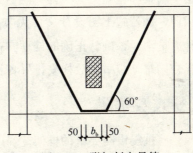

图 3-85　附加斜向吊筋

3.35 框架宽扁梁在中柱节点及边节点区，有抗震设防要求时箍筋加密区的起点位置及箍筋的处理措施

由于建筑净高的要求，目前工程中扁梁和宽扁梁使用得越来越多，此类构件的构造问题与普通的框架梁有很大的不同，特别是在节点及节点核心区的箍筋处理方式更是不一样。当前各设计单位的现浇混凝土结构施工图设计文件，基本采用"平法"制图规则编制，但 03G101-1 中的构造详图不包括框架扁梁和宽扁梁的内容。施工图设计文件除标注构件的断面尺寸及配筋外，还应绘制节点区的构造详图。有些施工图设计未绘制这类节点，由于没有这类节点的构造要求，施工时按普通的框架梁的做法处理有抗震设防要求的框架梁箍筋加密区及节点核心区的箍筋的构造作法是很不正确，也不安全。特别是在节点的外核心区，由于箍筋的水平段纵横交叉，施工比较困难。当地震作用时，扁梁端部还会产生扭矩，因此还要考虑箍筋的抗扭并应在梁端部配置抗扭腰筋。

在扁梁节点核心区内除配置了扁梁端部纵向受力钢筋外，还配置了附加腰筋和水平箍筋，其目的就是加强柱边到节点外核心区范围内的受弯承载力，在地震作用下使梁端塑性铰尽量地向跨内转移，起到保护内核心区的有力作用，达到"节点更强"的设计目的。在扁梁内中柱节点核心区配置附加水平箍筋及拉结钢筋，是为了提高核心区的受剪承载力，也能增强核心区混凝土的约束作用，提高扁梁内纵向受力钢筋与混凝土的粘结锚固性能。在节点核心区内和扁梁内边柱节点核心区配置附加腰筋，也可以提高节点核心区的抗剪承载能力。

由于扁梁和宽扁梁框架体系与普通框架结构体系在构造处理上不完全一样，因此，倘若施工图设计文件无节点详图或未绘制核心区构造要求时，应与设计人员沟通，确认正确的处理方式。宽扁梁节点核心区内的钢筋较密集，施工比较困难，应事先放样安排好各种钢筋的尺寸及相互的位置。

处理措施

(1) 有抗震设防要求的框架宽扁梁的箍筋加密区应从框架柱边出开始计。箍筋加密区的长度范围除满足 3.15 条中的处理措施的要求外，对于中柱节点

的两个方向，边柱节点的扁梁方向，还应满足抗扭钢筋延伸长度的要求。即：外核心区的水平尺寸 a 加该方向扁梁的宽度 b 再加扁梁的高度 h（$b+h$），及外核心区的水平尺寸 a 加扁梁中纵向钢筋最大锚固长度 l_{aE}（$a+l_{aE}$）两者较大值。见图 3-86 及图 3-87。

（2）当节点核心区箍筋的水平段利用扁梁的上部顶层和下部底层下纵向钢筋时，该处扁梁上、下纵向受力钢筋的截面面积，应增加扁梁端部抗扭计算所需要的箍筋水平段截面面积。

（3）核心区内的箍筋竖直段可做成拉结钢筋的形式，由外侧拉筋承担扭矩，内侧拉筋承担剪力。拉结钢筋的两个端部均应做成 135° 弯钩，弯钩的直线段长度不小于 $10d$。

（4）节点核心区内的附加腰筋不需要全跨通长设置，从扁梁外边缘向跨内延伸长度不应小于 l_{aE}。见图 3-88 及图 3-89。

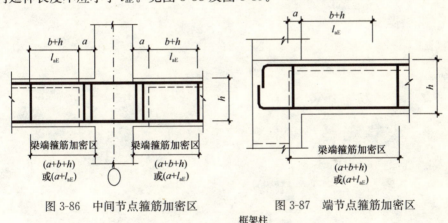

图 3-86 中间节点箍筋加密区　　图 3-87 端节点箍筋加密区

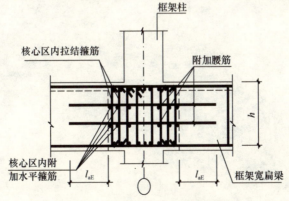

图 3-88 中间节点附加腰筋长度

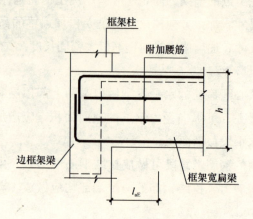

图 3-89 端节点附加腰筋长度

第四章 板的构造措施

4.1 高层建筑转换层楼板上、下钢筋在边支座的锚固措施，楼板边缘及大洞口边设置暗梁的构造要求

在高层建筑中由于使用功能的要求，会在底部布置较大的空间，因此上部楼层部分竖向构件（剪力墙、框架柱）不能直接连续落地，需要设置结构转换层。不连续的竖向构件生根在转换层的转换大梁或框支梁上，这样的结构体系属复杂高层建筑结构，不能连续落地的剪力墙称为框支剪力墙，该处的楼板称为转换层楼板或框支层楼板。在水平荷载作用下，框支剪力墙的剪力在转换层处需通过楼板传递给落地剪力墙。因此转换层楼板是重要的传力构件，为保证传力的直接和可靠，需要楼板有足够的厚度才能保证其需要的刚度。

转换层楼板除要满足承载力、刚度要求外，还需要有效的构造措施保证该层楼板的可靠性。现行《高层建筑混凝土结构技术规程》JGJ 3 对构造有相关的规定，板的厚度不宜小于 180mm，应双层双向配筋，每层每个方向的最小配筋率不宜小于 0.25%。落地剪力墙和筒体外周围的楼板不宜开洞。楼板边缘和较大洞口的周边应设置边梁，对边梁的高度和纵向钢筋的配筋率也规定了最低要求。与转换层相邻的上、下层楼板也应适当加强。

楼板上开较大洞口时，在洞口周边布置暗梁是为保证楼板刚度的常规做法，在设计和施工中通常不会忽略，而对于转换层楼板在边支座处设置边梁，是这种结构体系在构造时的常见问题，通常会被忽略，因此应该引起设计和施工的重视。

处理措施

（1）转换层楼板的厚度不宜小于 180mm，并应配置双层双向钢筋。每层

每个方向的最小配筋率不宜小于0.25%。

(2) 转换层楼板的上、下层钢筋在边支座内应可靠地锚固。锚固长度应满足不小于l_{aE}或l_a。见图4-1。

(3) 在楼板的边缘和大洞口周边设置宽度不小于板厚2倍的边梁（或暗梁），纵向配筋率不应小于1.0%。见图4-2、图4-3。

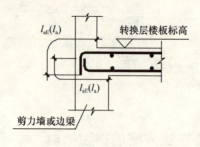

图4-1 楼板钢筋在边支座锚固

(4) 边梁中纵向钢筋宜采用机械连接或焊接，箍筋为封闭式。

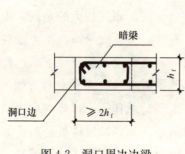

图4-2 洞口周边边梁

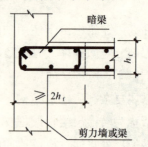

图4-3 楼板边缘部位边梁

4.2 地下室顶板钢筋在边支座内的锚固构造要求，外墙厚度变化处墙中竖向钢筋的锚固措施

在高层建筑中因基础埋深和使用功能的要求，均会设置地下室。当地下室的层数多于一层，在抗震设计时，结构整体分析通常将地下室顶板处作为上部结构的嵌固部位，为了保证地下室顶板对上部结构起到嵌固作用，构造上要有有效的措施。现行的《建筑抗震设计规范》GB 50011规定，地下室顶板的厚度不小于180mm，楼板中的钢筋应配置为双层双向，并在边支座可靠地锚固，并要满足抗震设计锚固长度l_{aE}的要求。地下室其他层楼板及非抗震的地下室顶板中的钢筋，可按非抗震要求在边支座内锚固，板的下部钢筋长度为l_{as}，且应伸过支座的中心线。

抗震设计：当地下室顶板作为上部结构的嵌固部位时，地下一层的抗震等级应与上部结构相同。地下室外墙的上部为抗震墙时，顶板处墙体内上、下竖向钢筋不同，上部剪力墙中的竖向钢筋应在下部的地下室外墙内可靠地锚固。地下室外墙的厚度与上部剪力墙的厚度不同时，楼板中的上、下层钢筋应按相应的支座内边缘处计算锚固长度的起算点。墙中的竖向分布钢筋应根据抗震等级在下部墙体内满足锚固构造措施的要求。

处理措施

（1）地下室顶板作为上部结构的嵌固部位时，楼板的厚度不宜小于180mm，并应配置双层双向钢筋。

（2）有抗震设防要求的地下室顶板，上、下层钢筋在边支座内的锚固长度应不小于l_{aE}，无抗震设防要求时，上层钢筋应不小于l_a，下层钢筋不小于l_{as}，且至少伸至墙的中心线处。见图4-4。

（3）地下室顶板以下各层楼板的上、下层钢筋，可按非抗震要求在边支座内锚固。

（4）地下室顶板以上的剪力墙厚度小于地下室外墙时，板中的下部钢筋应从板下墙内边缘处计算锚固长度，上部钢筋应从板上墙的内边缘计算锚固长度。见图4-5。

（5）板上、下钢筋不满足直线锚固长度时，可采用弯折锚固。

（6）地下室外墙与上部剪力墙厚度变化处，下部墙内的竖向钢筋不能伸入上部剪力墙中时，可截断弯折锚固，锚固长度从板下边缘处算起不小于l_{aE}或l_a。剪力墙竖向分布钢筋在下部墙体内的锚固长度不小于$1.5l_{aE}$或$1.5l_a$。见图4-5。

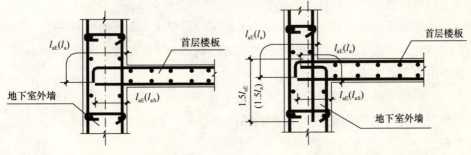

图4-4 地下室墙与首层墙厚相同　　图4-5 地下室墙与首层墙厚不同

4.3 楼板、屋面板中的构造钢筋和分布钢筋的区别和相关的构造规定，是否所有的光圆钢筋端部都需要 180°的弯钩

在楼板、屋面板中的构造钢筋，一般系指结构计算时不考虑但需要按构造要求配置的钢筋，通常在板的强度计算时，把边支座的支承条件假定为简支，因此在此处无负弯矩，但在实际使用中，边支座对板存在着一定的嵌固作用，因此需要按构造要求配置上部抵抗负弯矩的构造钢筋，单向板中在长方向支座上部设置的钢筋、控制温度和收缩应力而配置的上部钢筋等均为构造钢筋。现行《混凝土结构设计规范》GB 50010 对板中的构造钢筋有最小直径、最大间距和最小配筋率的规定。

在楼板、屋面板中的分布钢筋，系指在单向板中底部垂直受力钢筋的分布钢筋、垂直板上部受力钢筋的分布钢筋，分布钢筋通常不考虑其受力，通常应布置在上部受力钢筋的下层和下部受力钢筋的上层，其主要作用是固定受力钢筋的位置，也可以起到抵抗温度和混凝土收缩应力的作用。因此现行《混凝土结构设计规范》GB 50010 对板中的分布钢筋也规定了最小直径、最大间距和配筋率的要求。

光圆钢筋通常是指 HPB235 级钢筋，作为板下部受力钢筋时，端部应做 180°的弯钩，作为上部受力钢筋和分布钢筋时，端部可不做 180°的弯钩。

处理措施

1. 板中的构造钢筋（图 4-6）

（1）构造钢筋的直径不宜小于 8mm，间距不宜大于 200mm。

（2）构造钢筋的截面面积不宜小于该方向跨中受力钢筋面积的 1/3。

（3）控制板中温度和混凝土收缩裂缝的钢筋，其间距为 150~200mm，配筋率不小于 0.1%。

（4）当下部受力钢筋的强度等级高于上部构造钢筋的强度等级时，应将下部受力钢筋的面积换算成构造钢筋的面积后，再除以 3 作为构造钢筋的面积。

2. 板中的分布钢筋（图 4-6）

(1) 直径不宜小于 6mm，间距不宜大于 250mm，当板中有较大的集中的荷载时间距不宜大于 200mm。

(2) 在单位长度上分布钢筋的截面面积不宜小于受力钢筋面积的 15%，且不宜小于该方向板截面面积的 0.15%。

3. 钢筋端部

非受力的光圆钢筋的端部不需要做 180°弯钩。作为上部负弯矩钢筋时端部也不需要做 180°弯钩。作为控制板中温度和混凝土收缩裂缝的钢筋时，端部需要做 180°弯钩。

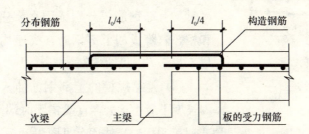

图 4-6 单向板中的构造钢筋和分布钢筋

4.4 悬臂板上部钢筋在支座内的锚固措施，下部构造钢筋在支座内的锚固要求

当悬臂板的跨度较大，相邻内跨跨度较小时，由于悬臂支座处的负弯矩对内跨的影响，在相邻内跨的中部也会出现负弯矩，因此，悬臂板上部钢筋在内跨应连续通长布置。当悬臂板与相邻内跨板在支座处有较大的高差时，上部钢筋不应采用拉通的配置方式，而应采用分离式配筋方式，悬臂板的上部钢筋可在内跨中直线锚固并满足锚固长度的要求，相邻内跨板的上部钢筋在支座内锚固。内跨板的上部钢筋的长度，是根据板上均布恒荷载设计值与使用荷载设计值的比值及板的跨度而确定的。纯悬臂板因无相邻内跨，上部钢筋应伸入支座内可靠地锚固。

悬臂板的上部沿悬臂方向配置的钢筋是受力钢筋，在施工中应保证钢筋的设计位置，保护层的厚度过大或钢筋不在设计位置上，都会影响结构的安全，也会造成板面的开裂，影响结构的耐久性。

当悬臂长度较大时，在有抗震设防要求的建筑结构中，要考虑竖向地震作用的影响，上部钢筋在支座内的锚固长度应符合抗震构造措施的要求，并在板的下部配置钢筋，且在支座内可靠地锚固。

处理措施

（1）当悬臂板的跨度较大且相邻的内跨跨度较小，板面在同一标高时，悬臂板的上部钢筋在内跨应连续通长配置。见图 4-7。

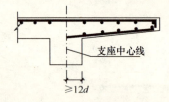

图 4-7 板面无高差

（2）悬臂板与相邻的内跨板面不在同一标高时，上部钢筋应分别锚固在支座内，悬臂板和相邻内跨板的上部钢筋在支座内的锚固长度均不小于 l_a。见图 4-8。

（3）纯悬挑板的上部钢筋伸入支座内的锚固长度不应小于 l_a，直线锚固时端部应设置 90°直钩，当直锚长度不能满足要求时可采用弯折锚固。见图 4-9。

（4）按构造要求设置的下部钢筋伸入支座内的锚固长度不小于 $12d$，且至少伸到支座的中心线。

（5）悬臂跨度不大时，不需要验算竖向地震作用时，板上部受力钢筋伸入支座内的锚固长度可不按抗震构造要求。

（6）有抗震设防要求，且板的悬臂长度较大（8 度，$\geqslant 1500$mm；7 度，$\geqslant 2000$mm），板受力钢筋的锚固长度按抗震构造要求不小于 l_{aE}。

（7）受力钢筋采用光圆钢筋时，在锚固端部应有 180°弯钩，弯钩的直线长度不小于 $3d$。

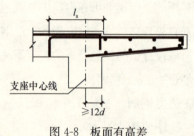

图 4-8 板面有高差

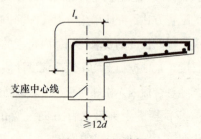

图 4-9 纯悬臂板

4.5 在楼板和屋面板中设置的温度钢筋网片,与板上部受力负钢筋的连接构造处理措施

近年来在现浇混凝土板中的裂缝问题比较严重,有些影响了正常使用和构件的耐久性,其主要原因是楼板的跨度越来越大,在板中未配置防止开裂的构造钢筋,由于混凝土的收缩和温度变化在板内引起了开裂。在板中配置温度收缩钢筋有助于减少这类裂缝的发生,板中配置的受力钢筋和分布钢筋在一定程度上可以起到抵抗温度和收缩应力的作用。

在未配置构造分布钢筋的部位或配置钢筋数量不足的部位,特别是在较大跨度的双向板的中间部位,若沿两个正交方向布置防止温度收缩钢筋,对板的开裂可以有明显的抑制作用。由于板中的收缩和温度应力目前尚不易准确计算,现行《混凝土结构设计规范》GB 50010根据工程经验规定了温度钢筋的配置原则和最小配筋要求。

当前许多施工图设计文件中将板上部受力钢筋在支座间全部拉通或一半拉通设置,目的也是为解决较大跨度板上部裂缝的产生,也有在双向板上部中间范围内另行设置双向构造钢筋或钢筋网片的方法,另行布置的温度钢筋应与板上部受力钢筋采用搭接连接或在周边的构件中可靠地锚固。设置的构造温度收缩钢筋与板中的受力钢筋应可靠连接,钢筋才能发挥抵抗混凝土收缩和温度变化产生的拉应力。通常的做法是采用绑扎搭接连接的方式,并有足够的搭接长度。

处理措施

(1) 构造设置的温度收缩钢筋与板中的受力钢筋可以采用绑扎搭接连接方式,搭接长度为 $1.2l_a$,见图4-10。钢筋搭接长度按构造钢筋直径计算。

(2) 温度钢筋的间距为150~200mm,在板上、下表面沿纵、横两个正交方向的配筋率均不宜小于0.1%。

(3) 温度收缩钢筋可在同一区段内搭接连接,搭接的长度均为 $1.2l_a$,不需要按在同一区段内100%搭接 $1.6l_a$ 考虑。

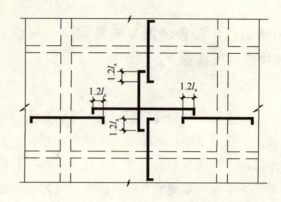

图 4-10　温度钢筋搭接长度

4.6　悬挑板在阳角的放射钢筋构造处理措施及在阴角处构造钢筋的配置要求

悬挑板在阳角和阴角部位均应配置附加加强钢筋，当转角部位为阳角时，由于两个方向的受力钢筋均沿悬挑跨度布置，在角部无法布置任何一个方向的受力钢筋，因此在阳角处需要布置附加加强受力钢筋，通常可采用两种形式配置附加加强钢筋，平行加强形式和放射加强形式（按施工图设计文件的要求形式配置）。

（1）平行加强形式：在板的转角板处平行于板角对角线配置上部加强钢筋，在垂直板角对角线配置下部加强钢筋，配筋宽度取悬挑长度 L，其加强钢筋的间距应与板内受力钢筋相同。此种加强形式由于要配置下部加强钢筋，目前在工程中使用的不多。

（2）放射加强形式：在悬挑板的阳角配置放射加强钢筋时，放射加强形式是从跨内向外放射形配置，并在悬挑跨度 $L/2$ 处符合最小构造间距的要求，此种加强形式在工程中为较普遍的形式。

当悬挑板距地面的高度大于 30m 且悬挑长度大于 1200mm 时，阳角及阴角在板的下部应配置构造加强钢筋，有抗震设防要求且悬挑长度较大，需要验算竖向地震作用时，悬挑板的阳角下部应配置构造钢筋。

处 理 措 施

(1) 悬挑板阳角处的附加加强钢筋的构造形式,及下部钢筋的配置要求应按施工图设计文件执行。图 4-11 为阳角处平行加强钢筋的配置形式。图 4-12 为阳角处放射加强钢筋的配置形式。

(2) 平行式附加上部加强钢筋的长度从角点至内跨内的长度不小于 $3L$,配置宽度同悬挑的宽度,间距不小于悬挑板上部钢筋的间距。下部加强钢筋,配筋宽度取悬挑长度 L,其加强钢筋的间距应与板内受力钢筋相同。见图 4-11。

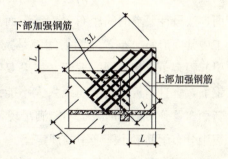

图 4-11　阳角平行加强钢筋

(3) 在悬挑板的阳角配置上部放射加强钢筋时,其间距沿悬挑跨度 $L/2$ 处不应大于 200mm,放射钢筋伸入支座内的锚固长度应为 l_a 及不小于悬挑长度 L 且不小于 300mm,见图 4-12。当两侧的悬挑长度不同时,放射附加钢筋伸入支座内的锚固长度应按较大跨度计。

(4) 当转角位于阴角时,应在垂直板角的对角线处配置不少于 3 根的斜向钢筋,其间距不大于 100mm 放置在上层,伸入两边的支座内不小于 $12d$ 并到支座的中心线处,从阴角向外延伸长度不小于 l_a,见图 4-13。

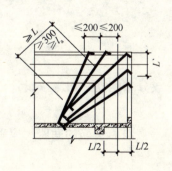

图 4-12　阳角放射形加强钢筋

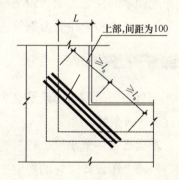

图 4-13　阴角斜向加强钢筋

4.7 斜向板中垂直斜方向的钢筋间距的配置要求

当现浇混凝土板为斜向时,对于双向板两个方向均为受力钢筋,对于单向板一个方向应是分布钢筋,无论哪种情况垂直斜方向的钢筋均应按垂直斜面、按设计要求的间距布置钢筋,而不应按垂直地面布置钢筋的间距。在施工中常因沿斜向布置的钢筋间距是按垂直地面布置还是按垂直斜向板布置,引起很多争议和不同的理解,如果双向板一个方向是斜板时按垂直地面布置钢筋,垂直斜板方向的间距太大不能满足设计的受力要求,而单向板垂直于斜面布置分布钢筋时,也不能满足现行《混凝土结构设计规范》GB 50010 对板中分布钢筋最小配筋率的规定。

在筏形基础或箱形基础的底板上设有集水坑、电梯地坑时,局部需要降板来满足使用要求,为防止底板在高差处产生的应力集中,构造做法也会将底板面设计成斜面,通常斜面的坡度为 45°,高差较大时也可以设计成 60°。筏形基础(板筏或梁筏)、箱形基础的底板一般为双向板,两个方向的钢筋均为受力钢筋,斜面上布置的钢筋应沿斜面符合设计的间距要求。

现浇混凝土板式楼梯的踏步段也是斜向板,斜向的板式楼梯沿斜方向是受力方向,一般均为单向板,沿斜方向布置的钢筋为受力钢筋,而垂直受力钢筋布置的是分布钢筋。其间距不应按垂直地面布置,否则不能满足分布钢筋的最小配筋率的构造要求,设置分布钢筋的主要目的是为保证受力钢筋在设计位置上,通常布置在受力钢筋的上层。

处理措施

(1)垂直斜面的钢筋无论是受力钢筋或分布钢筋,均应按设计要求的间距 s 垂直于斜面布置。

(2)基础底板中集水坑、电梯地坑等垂直斜面钢筋的间距 s 应垂直于斜面方向,按施工图设计文件的规定布置。见图 4-14。

(3)现浇混凝土板式楼梯中的斜向踏步段分布钢筋间距 s,应按垂直斜面沿斜方向布置,并应满足每踏步下不少于一根分布钢筋。见图 4-15。

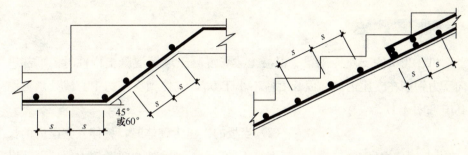

图 4-14 地坑斜向钢筋间距　　图 4-15 现浇单向板式楼梯分布钢筋间距

4.8 现浇混凝土板下部受力钢筋在支座内锚固长度，板在砌体支座上的最小搁置长度构造要求

楼板和屋面板的下部受力钢筋除有特殊要求外（人防顶板边支座、转换层楼板边支座、屋面板边支座等），一般不考虑在支座内按抗震要求的锚固长度。现浇板下部支座材料不同，对下部钢筋在支座内的锚固长度构造要求也不同，通常设计时均把边支座假定为简支，板中的最大正弯矩基本在跨中。当采用绑扎配置板下部受力钢筋时，且支座处的剪力设计值较小，$V \leqslant 0.7 f_t bh_0$，在边支座内的锚固长度不需太长，板与混凝土墙、梁整体浇筑时，下部纵向受力在中间支座可以贯通设置，也可以在各跨内单独配置并满足锚固长度的要求。当支座处的剪力设计值较大（$V > 0.7 f_t bh_0$）时，施工图设计文件会对锚固长度加以注明。在施工中通常无法判断板支座处的剪力大小，若施工图设计文件中未作特殊要求时，可按剪力较小的方式计算锚固长度。目前工程中已很少采用将板的下部钢筋在支座附近处上弯到上部后再伸至支座内锚固的配筋方式，因此板下部纵向受力钢筋均应全部伸入支座内锚固。

板下部纵向受力钢筋采用光面焊接网片，且板的剪力设计值 $V \leqslant 0.7 f_t bh_0$ 时，根据在支座内的锚固形式，在边支座和中间支座内的锚固长度也不相同。

当连续板要考虑板内的温度和收缩应力较大时，应加大下部纵向受力钢筋在支座内的锚固长度，施工时应注意设计文件中对锚固长度的要求。

处理措施

（1）当板的支座为圈梁、混凝土梁、混凝土墙等混凝土构件时，下部纵向受力钢筋在支座内的锚固长度应不小于 $5d$，且伸到支座的中心线处。见图 4-16 和图 4-17。

（2）当板的支座为砌体时，板伸入支座内的长度应不小于 120mm 和板厚 h 两者较大值。下部纵向受力钢筋在支座内的锚固长度不小于 $5d$。见图 4-18。

（3）纵向受力钢筋采用光圆钢筋时，端部应设置 180°弯钩，弯钩的直段长度不小于 $3d$（d 为钢筋直径），弯钩不计入锚固长度。

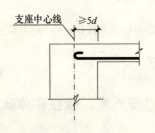

图 4-16　边支座为混凝土构件

（4）下部受力钢筋采用焊接钢筋网片时，当为热轧或冷轧带肋钢筋网片，在支座内的锚固长度应不小于 $5d$；而采用光圆钢筋网片，端部有弯钩及端部的钢筋锚固形式为焊接横向钢筋或短钢筋时，最小锚固长度为 $5d$。当端部为直钩时，在边支座内的最小锚固长度为 $12d+h_0/2$，在中间支座为 $12d$。

（5）焊接光圆钢筋网片端部锚固形式为焊接横向钢筋或短钢筋时，其钢筋的直径不应小于 0.6 倍的受力钢筋直径，短钢筋的长度应大于受力钢筋直径加 30mm。

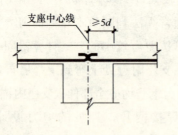

图 4-17　中间支座为混凝土构件

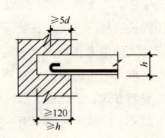

图 4-18　边支座为砌体

4.9 现浇混凝土板上部受力钢筋在边支座内锚固构造措施，采用焊接钢筋网片时的锚固要求

现浇混凝土楼板和屋面板的上部受力钢筋、构造钢筋在边支座的锚固长度，除有特殊要求外（如人防顶板、转换层楼板、屋面板等），通常均不需要满足抗震构造要求。当边支座设计按简支假定时，由于支座对板有一定的约束作用，因此也应配置构造的上部钢筋，当支座为混凝土构件时，因材料相同端部要承担负弯矩，在边支座内的锚固长度应满足构造要求。通常在边支座处的上部钢筋均是按构造配置的，虽然不是按计算配置的钢筋面积，考虑到在使用时要承担一定的负弯矩，因此锚固长度应按受拉钢筋计算；当支座为砌体时，边跨支座在结构计算时均简化为简支支座，上部钢筋均按构造要求配置构造钢筋，考虑砌体对楼板也有嵌固作用，上部钢筋伸入支座内也应满足一定的长度要求。

当边支座为砌体，上部钢筋采用焊接网片时，应保证伸入支座内有足够的长度；板与混凝土墙、梁整体浇筑时，钢筋网片在边支座内应满足锚固长度的要求。边支座的宽度较小、不能满足直锚长度时可采用弯折锚固。

处理措施

（1）现浇钢筋混凝土结构中，板上部采用绑扎钢筋时，伸入边支座的锚固长度应不小于 l_a，当水平段不满足锚固长度的要求时可下弯，并满足受拉钢筋的总锚固长度要求。见图 4-19。

（2）板的边支座为砌体时，上部采用绑扎钢筋伸入边支座内的锚固长度 $l=a-15mm$（a 为现浇板在边支座上的支承长度），钢筋端部应设置下弯的垂直段。见图 4-20。

（3）当上部钢筋采用焊接钢筋网片且边支座为砌体时，伸入边支座内的长度不宜小于 110mm，并在网片的端部设置一根横向钢筋。见

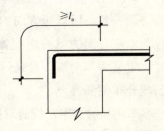

图 4-19　边支座为混凝土构件

图 4-21。

（4）当上部钢筋采用焊接钢筋网片且支座为现浇混凝土构件时，钢筋网片伸入边支座内的长度应不小于 l_a，水平段不能满足锚固长度要求时，应将端部向下弯折并满足受拉钢筋的总锚固长度要求。

（5）板上部采用绑扎光面钢筋，且有下弯的垂直段时，端部可不做 180°的弯钩。

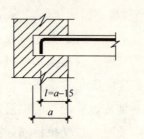

图 4-20　边支座为砌体

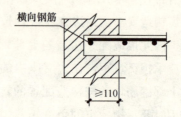

图 4-21　上部为焊接钢筋网片

4.10　如何理解施工图设计文件中的双向板和单向板的概念，及这两种板的配筋构造要求

在现浇混凝土结构中双向板和单向板是根据板的单块周边支承条件，以及板的长度方向与短方向的比值来定义的，而不是按整层楼面的长度与宽度的比值确定的。正确理解双向板及单向板的定义，以免板中的受力钢筋方向放置反了，影响结构安全。

双向板的支承条件是四边均有板的支座，并且两个方向的长、宽比不大于 2，两个方向的钢筋都是经计算配置的受力钢筋，由于板在中点的变形协调一致，所以短方向的受力比长方向大，单位面积上的配筋也大，并且要求短方向的钢筋应配置在板的最外侧。四面支承板的长、宽比大于 2 时，定义为单向板并且是短方向受力，长方向是按构造要求配置的构造钢筋或分布钢筋。

单向板的支座在板的对边，沿支座间的跨度方向是受力方向，并且与板的长、宽比值无关，受力钢筋按沿跨度方向布置，另一方向为分布钢筋并应放置在受力钢筋之上。

处理措施

（1）四面支承板，当长度与宽度的比值≤2时为双向板。短方向的钢筋布置在最外侧，并满足最小保护层厚度的要求。见图4-22。

（2）四面支承板，当长度与宽度的比值大于2小于3时，也宜按双向板配筋，长方向的板下部钢筋宜按受力钢筋在支座内锚固。

（3）四面支承板，当长度与宽度的比值≥3时为单向板，见图4-23，应按单向板在短方向配置受力钢筋，长方向配置分布钢筋并放置在短向钢筋之上。

（4）对边支承的板为单向板，受力钢筋沿板的跨度方向布置。

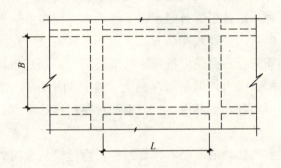

图4-22 四面支承双向板（L/B≤2）

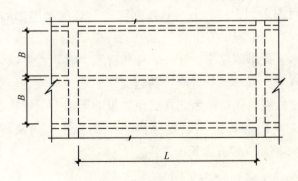

图4-23 四面支承单向板 L/B≥3

4.11 带有平台板的折板式现浇混凝土楼梯，在弯折处钢筋配置的构造处理措施

现浇钢筋混凝土板式楼梯因传力直接、设计简单，因此在工程中被广泛使用。由于消防疏散和使用净空间等要求，踏步板与楼梯平台板交接处有时不设置楼梯梁，而形成了折板式楼梯，平台板与踏步斜板的厚度相同，折板式楼梯分为上折板式和下折板式，在上折板楼梯的折角处由于节点的约束作用，应配置承受负弯矩的构造受力钢筋。而在下折板式的弯折处，如果平台板的上部构造负弯矩钢筋长度不需要伸至折角处时，则在弯折节点处不需要配置上部构造负弯矩钢筋。当构造负弯矩钢筋长度超过弯折节点时，应采用分离式配筋，不宜采用整根弯折配置。下部受力钢筋在上折板的弯折节点处不应通长配置，应采用分离式配筋方式，因下部纵向受力在内折角连续通过时，纵向受力钢筋的合力会使内折角处的混凝土保护层崩出，而使钢筋丧失锚固力（有此粘结锚固力，钢筋与混凝土才能共同工作），导致楼梯折断破坏。在下折板的折角处，下部纵向受力钢筋可整根连续配置，不需要截断分离配置。

现浇混凝土板式楼梯的配筋方式有两种：弯起式与分离式。弯起式配筋是将下部纵向受力钢筋在距支座 1/6 净跨处，间隔弯起至板的上部并深入支座内锚固，代替部分支座构造负弯矩钢筋。这种配筋方式可节约一定钢筋，但施工不方便目前采用很少。分离式配筋比弯起式配筋增加的钢筋量不多，但施工方便，在当前工程中使用最广泛。

当楼梯的水平投影跨度不大于 4m 且荷载不大时，通常被设计为板式楼梯。板式现浇混凝土楼梯在设计时，两边支座假定为简支，但考虑到支座对楼梯板的有一定的嵌固作用，因此在支座处板的上部需配置构造的负弯矩钢筋，该钢筋在支座内的长度应满足锚固长度的要求。当楼梯板的厚度 ≥200mm 时，上部钢筋一般宜通长配置。

处理措施

（1）上折板式楼梯在折角处，下部纵向受力钢筋不应连续配置，应在折

角处截断并交叉锚固,锚固长度不小于 l_a。上部构造钢筋伸入斜板内的水平长度不小于斜板水平长度 l_1 的 1/4。见图 4-24。

(2) 下折板式楼梯在折角处,当上部构造负弯矩钢筋超过弯折角时,应采用分离式配筋并交叉锚固,锚固长度不小于 l_a。见图 4-25。

(3) 下部纵向钢筋在支座内的锚固长度不小于 $5d$,且至少伸至支座的中心线处;上部钢筋在支座内的锚固长度为 l_a。

(4) 人防楼梯应采用双层配筋,并在上、下钢筋网层间设置拉结钢筋,锚固长度为 $l_{af}=1.05l_a$。

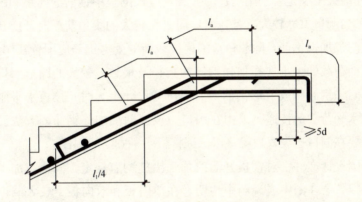

图 4-24 上折板下部钢筋在折角处交叉锚固

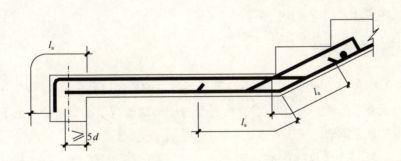

图 4-25 下折板上部钢筋在折角处交叉锚固

4.12 楼、屋面板开洞时，洞边加强钢筋的处理措施

楼板或屋面板上开洞时，根据洞口尺寸的大小不同，洞边的加强措施处理也不相同。有抗震设防要求的建筑中，为保证楼板在平面内的水平刚度，有效地传递水平荷载，现行规范和规程中要求不宜开较大的洞口。当楼板的洞口较小时，洞口边不需要配置加强钢筋，板中的上、下部钢筋在洞边绕过（洞口尺寸的大小及是否采用绕过的方式，应根据板中钢筋的间距和图中的具体规定）。当洞口尺寸较大，且在洞口周边无较大的集中荷载时，应在洞口的每侧配置附加加强钢筋，除洞口范围内被截断的受力钢筋应配置在洞口边外，应根据板面荷载的大小选择加强钢筋的直径及根数。较大的圆形洞口边还应设置环形附加钢筋和放射形钢筋。当洞口的尺寸更大时，楼板水平刚度的降低会影响水平荷载的传递，采用在洞口边设置附加加强钢筋的方法已不适用了，而需要在洞口边设置边梁，以保证楼板水平方向的刚性。

施工图设计文件中对楼板开洞的加强措施均有规定，洞边附加加强钢筋的直径及根数会在图中或说明中注明。在单向板和双向板中较大洞口边的加强钢筋其处理措施是不同的，较大的矩形洞口及圆形洞口边的加强钢筋构造要求也不一样，施工中不但要按施工图设计文件要求的加强钢筋根数、直径配置，还应注意相应的构造要求。

处 理 措 施

(1) 当板上的圆形洞口直径 D 及矩形洞口的最大边尺寸 $b \leqslant 300mm$ 时（b 为单向板垂直板跨的洞口宽度），可将受力钢筋绕过洞口不需截断，也不需要配置附加加强钢筋。见图 4-26。

(2) 当洞口的 D 或 b 大于 300mm，但小于或等于 1000mm 时，洞口边设置的附加加强钢筋的根数及直径按设计图纸中的规定。

(3) 单向板洞口边受力方向的附加加强钢筋应伸入支座内，该钢筋与板受力钢筋在同一层面上。另一方向的附加钢筋伸过洞边的长度小于 l_a 并放置在受力钢筋之上。洞口一边与梁边平齐的做法见图 4-27，洞口设置在板中部

的做法见图 4-28。

（4）双向板洞边的附加加强钢筋，两个方向均应伸入支座内，下部钢筋短方向在下排、长方向在上排。上层钢筋反之。

（5）较大圆形洞口边除配置附加加强钢筋外，按构造要求还应在洞边设置环形钢筋和放射形钢筋，附加加强钢筋平行受力钢筋的做法见图 4-29，斜向放置的做法见图 4-30；放射形钢筋伸入板内不小于 200mm，并应伸进加强钢筋内或梁内，当采用光面钢筋时，端部应有 180°的弯钩。

（6）当洞口边有上翻边时，放射形钢筋或箍筋的下部水平段伸入板内的长度不小于 200mm，并应伸进加强钢筋内。当楼板或屋面的洞口边翻边上有较大的设备荷载时，伸入板内下部水平段长度不小于 300mm，也不应小于 l_a；当为圆形洞口时，还应伸至加强钢筋内或梁内。见图 4-31、图 4-32。

（7）圆形洞口的附加环形钢筋在端部的搭接长度为 $1.2l_a$。

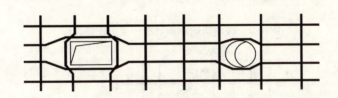

图 4-26　板洞口小于 300mm 钢筋绕过

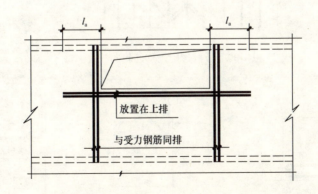

图 4-27　单向板洞边与梁边平齐附加钢筋做法

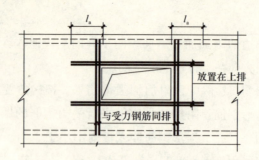

图 4-28 单向板洞在板内附加钢筋做法

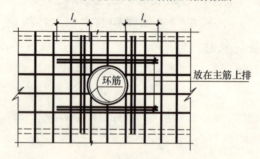

图 4-29 板洞边附加钢筋平行受力钢筋做法

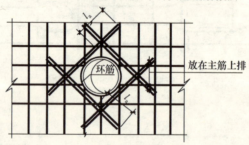

图 4-30 板洞边附加钢筋斜向放置做法

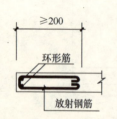 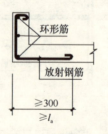 

图 4-31 圆形洞口边环形　　　图 4-32 圆形洞口边带上
　　　钢筋及放射钢筋　　　　　　　翻边环形钢筋及放射钢筋

4.13 板中配置抗冲切钢筋的构造措施

在现浇混凝土楼、屋面板上有局部荷载或较大的集中荷载时，为提高板的冲切承载能力，设计时常在局部荷载或集中荷载作用面积附近的范围内配置暗梁（剪力架）或弯起钢筋。当筏板基础不设置抗冲切的柱墩，板柱结构体系（无梁楼盖）不设置柱帽时，也采用设置暗梁、弯起钢筋抵抗集中荷载的冲切。

采用暗梁时，计算所需要的箍筋截面面积应配置在冲切破坏锥体范围内，且箍筋还要从局部荷载或集中荷载的外边缘向外延伸一定的长度。箍筋应为封闭式，并应勾住纵向钢筋或架立钢筋。为保证暗梁箍筋的设置，板需要有足够的厚度。

采用弯起钢筋时，弯起钢筋的倾斜段应与冲切破坏锥体的斜面相交，其弯起角度应根据板的厚度选择 30°～45°，施工图中均会有标注。当局部荷载或集中荷载较大时，一排弯起钢筋不能满足设计强度要求时，会采用双排弯起钢筋。弯起钢筋弯折后伸入下（上）部的水平段应有一定的长度要求。

处理措施

（1）采用配置箍筋方式时，除按设计要求在冲切破坏锥体范围内配置所需要的箍筋外，还应从局部或集中荷载的边缘向外延伸 $1.5h_0$（h_0 板有效高度）范围内，配置相同的箍筋直径和间距。见图 4-33、图 4-34。

（2）第一个箍筋距局部荷载或集中荷载边缘的距离按梁的构造要求，一般取 50mm，箍筋的间距不大于板有效高度的 $1/3$，即 $\leqslant 1/3h_0$。

（3）采用弯起钢筋时，第一排弯起钢筋的倾斜段与冲切破坏斜截面的交点，选择在距局部荷载或集中荷载（集中反力）作用面积周边以外 $1/2 \sim 2/3h$（h 为板的厚度）范围内；当采用双排弯起钢筋时，第二排钢筋应在 $1/2 \sim 5/6h$ 范围内，每个方向不少于三根，见图 4-35、图 4-36。

（4）弯起钢筋的弯折点从荷载边缘的 50mm 处开始，伸入上（下）部的水平段长度不小于 $20d$（d 为弯起钢筋的直径）。

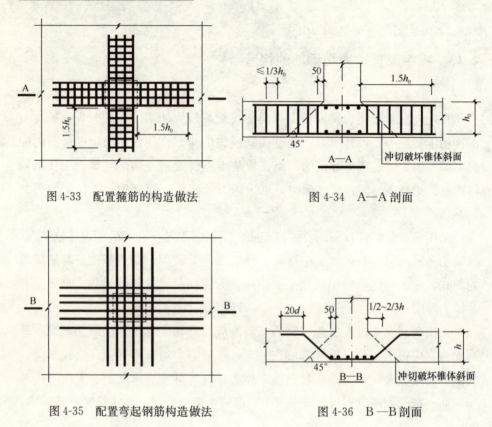

图 4-33 配置箍筋的构造做法　　　　图 4-34 A—A 剖面

图 4-35 配置弯起钢筋构造做法　　　图 4-36 B—B 剖面

4.14 楼、屋面板上设备基础与板的连接处理措施

当楼、屋面板上有集中荷载较大或者振动较大的小型设备时，设计图纸均会在设备基础下设置梁；设备基础的荷载在板上分布的面积较小时，设置单梁；设备底部的面积较大时，设置双梁。

在屋面上设备基础的高度要考虑屋面建筑的面层做法，不宜将设备基础坐落在建筑面层上，特别是当设备有振动时，设备基础应与楼、屋面板可靠地连接。设备基础宜与板同时浇筑混凝土，当由于施工条件限制不能一次浇筑时，允许二次浇筑设备基础的混凝土，但在接触面处必须将混凝土凿成毛面，冲洗干净再浇筑设备基础；当设备的振动较大时，需要配置板与基础连接的钢筋。设计文件中均会对连接钢筋的直径和间距有明确的标注。

当设备基础上的地脚螺栓的拔力较大时,在设备基础中要配置与板拉结的构造钢筋。当设备基础与板的厚度不能满足预埋螺栓的锚固长度时,预埋螺栓可在板内弯折锚固。对于设备基础与板的连接构造要求,施工图设计文件或产品说明书中均有明确的要求。

处理措施

(1) 当设备振动较小时,设备基础与板间可不设置连接钢筋,宜一次浇筑混凝土,施工条件不允许时也可以分两次浇筑。

(2) 设备振动较大时,基础与板间要设置拉结构造钢筋,在板内应满足最小保护层的厚度,在基础内的长度不小于200mm。见图4-37。

(3) 设备基础上的地脚螺栓的拔力较大时,在基础中应设置构造钢筋,在板内的水平锚固长度不小于200mm。见图4-38。

(4) 当设备基础加板厚度不能满足预埋螺栓的锚固长度时,可在板内弯折锚固,锚固总长度应满足产品说明的要求,且不宜小于20d(d为预埋螺栓的直径)。见图4-39和图4-40。

(5) 基础与板间连接采用光圆钢筋时,端部应设置180°弯钩。

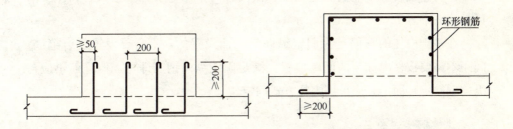

图4-37 板与设备基础连接钢筋做法　　图4-38 板与设备基础构造钢筋做法

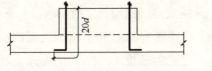

图4-39 弯钩预埋螺栓做法

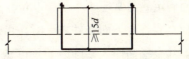

图4-40 U形预埋螺栓做法

第五章 基础构造处理措施

5.1 现浇钢筋混凝土柱中的纵向受力钢筋在独立基础中锚固长度要求，基础内箍筋的构造要求

现浇钢筋混凝土柱纵向受力钢筋，在独立基础内需满足锚固长度的要求，有抗震设防要求时，还应根据基础上层柱的抗震等级满足最小抗震锚固长度的构造要求，当柱纵向钢筋在底部有水平弯折段时，应放置在基础底部的钢筋网片上，并满足保护层的厚度要求。现行《建筑地基基础设计规范》GB 50007 规定，某些柱受力的特殊情况需要将柱四角的纵向钢筋伸至基础底板钢筋网片上，其他柱内纵向钢筋伸入基础内满足锚固长度即可。柱受力的特殊情况的判别需要与设计工程师咨询，施工图设计文件通常不会注明柱的受力状态。当基础高度不能满足直锚的长度时，可采用弯折锚固方式，具体要求可见第一章表 1-1。

在基础内柱的箍筋是为固定纵向钢筋而设置的，不需要设置复合箍筋，间距不需要按柱内标注的间距放置，满足固定纵向钢筋即可。但箍筋不应与纵向钢筋焊接固定，应采用绑扎方式固定。

处理措施

(1) 现浇混凝土中的纵向受力钢筋在基础中应可靠地锚固，端部宜弯折成直钩放置在基础底板钢筋网片上，直钩的水平段应根据柱纵向钢筋直径的大小而确定，通常应不小于 150mm，并满足总的锚固长度的要求。

(2) 当符合下面条件之一时，可仅将柱四角插筋伸至基础底板的钢筋网片上，其余插筋伸入基础内的长度应满足锚固长度 l_{aE}（l_a）的要求，独立基础的剖面为阶梯形及坡形的做法见图 5-1、图 5-2。

1) 柱为轴心受压或小偏心受压，基础的高度 h≥1200mm 时。
2) 柱为大偏心受压，基础的高度 h≥1400mm 时。

（3）在基础内固定柱纵向受力钢筋的箍筋，不需要做成复合箍筋，固定纵向钢筋时不得采用焊接方式，应采用绑扎固定的方式。

（4）设置在基础内固定柱中纵向受力钢筋的箍筋不应少于两道，且箍筋间距不宜大于500mm。第一道箍筋宜设置在基础顶面以下100mm处。

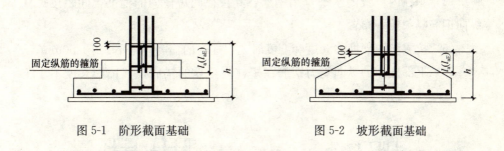

图 5-1　阶形截面基础　　　　图 5-2　坡形截面基础

5.2　独立短柱基础中的短柱竖向钢筋在基础内的锚固构造处理措施，短柱内拉结钢筋的设置要求

由于地基土的不均匀或地基承载力特征值不满足设计要求，及基础埋置较深等原因，部分基础或全部基础设计成短柱基础，为加强基础的整体性，在短柱基础的顶面处沿两个主轴方向还会设置基础连系梁，短柱基础也属扩展基础，其短柱部分是基础的一部分，由于这种基础的特殊性，在短柱范围内要配置竖向钢筋，其竖向钢筋的直径和间距是按设计计算配置的，因此短柱中的纵向钢筋在基础底板中应有足够的锚固长度，在短柱范围内应设置水平拉结钢筋，上部柱的纵向受力钢筋锚固在短柱基础内的起点，应从短柱基础顶面向下算起。

处理措施

（1）短柱四角的纵向钢筋应伸至基础板下部的钢筋网片上，并设置水平弯折段，其长度不小于150mm，总锚固长度应不小于 l_a 的要求。见图5-3、

图 5-4。

(2) 当短柱的截面尺寸较大时，短柱中的纵向钢筋应每间隔 1000mm 左右有一根伸至基础底板的钢筋网片上。

(3) 其他不需要伸至基础底板处的短柱纵向钢筋，应从短柱底部处伸至基础底板内满足锚固长度 l_a 的要求；当基础底板的高度不满足短柱纵向钢筋的直锚长度时，可采用弯折锚固，具体做法可见第一章表 1-1。

(4) 短柱内设置的水平拉结钢筋，其直径同短柱内的箍筋，间距按短柱纵向钢筋隔一拉一布置。

(5) 抗震设防烈度为 8 度和 9 度时，短柱内的箍筋间距不大于 150mm。

(6) 上部柱中的纵向受力钢筋在短柱内可靠的锚固，其锚固长度不小于 l_a（l_{aE}）。

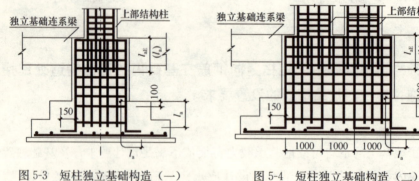

图 5-3 短柱独立基础构造（一）　　图 5-4 短柱独立基础构造（二）

5.3 柱下独立基础间设置的拉梁中的纵向钢筋在基础内的锚固构造措施

柱下独立基础间设置的拉梁通常是为了增强基础的整体性，或为了调节相邻基础间的不均匀沉降变形。当抗震等级为一级和场地为Ⅳ类的二级框架，以及地基主要受力层有软弱土层、液化土层和严重的不均匀土层时，沿两个主轴方向也会设置基础拉梁。拉梁中的纵向钢筋是按计算配置的，当拉梁上部有砌体或其他竖向荷载时，其纵向受力钢筋是按拉（压）弯构件配置的。当柱下独立基础埋深较深的时候,设置的与框架柱相连的地下梁不是基础梁,应是地下框架梁,不能与基础梁混淆,构造要求也是不同的。

地下框架梁设置的目的主要是解决基础埋深较深、首层高度较高的框架结构,在水平荷载作用下层间位移和顶点的位移超过了规范的规定,梁中的纵向受力钢筋应按框架梁的构造要求配置在框架柱内锚固。

柱下独立基础间的拉梁通常是按构造要求设置的,其纵向钢筋根据跨数的不同,在基础内的锚固要求也不同,单跨拉梁中的上、下纵向钢筋考虑其受弯,一般按简支考虑,而多跨连续的拉梁应当考虑其抗弯作用,在支座处产生负弯矩,因此纵向钢筋的锚固位置的起点是不同的。当拉梁上有砌体墙时,拉梁与上部砌体在静荷载作用下的工作机理相当于拱拉杆,应按墙梁配置纵向钢筋,在支座内的锚固长度应满足受拉钢筋的最小锚固长度要求。除设计文件有特殊要求外,锚固长度不需按抗震的构造要求处理。由于拉梁是在土中的构件,施工时应注意环境类别对纵向钢筋最小保护层厚度的耐久性要求。

处 理 措 施

(1) 单跨拉梁中的上、下纵向钢筋从基础边缘开始锚固,锚固长度不小于受拉钢筋的构造要求。见图 5-5。

(2) 连续拉梁的上、下纵向钢筋从上部柱的边缘开始锚固,也可以通长设置。见图 5-6。

(3) 拉梁中的纵向钢筋不宜采用绑扎搭接接头,可采用机械连接或焊接。

(4) 当拉梁上部有砌体墙时,下部纵向钢筋按墙梁配置,砌体墙中的洞口开在跨中部位时,仍可以按墙梁配置下部纵向钢筋,砌体墙开有偏洞口时,拉梁应按受弯构件配置上、下纵向钢筋。

(5) 拉梁中的纵向钢筋在支座内的锚固长度可不考虑抗震要求,按非抗震受拉钢筋的锚固长度 l_a 施工。

(6) 箍筋应为封闭式,不设置抗震构造加密区。

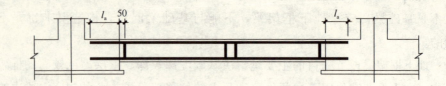

图 5-5　单跨拉梁纵筋在基础内锚固

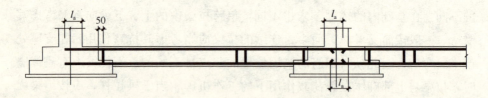

图 5-6　连续拉梁纵筋在基础内锚固

5.4　墙下混凝土条形基础板受力钢筋及分布钢筋配置的构造处理措施

墙下混凝土条形基础的受力状态相当于悬臂构件,端部的弯矩很小,主要受力方向的钢筋应通长放置,根据现行《建筑地基基础设计规范》GB 50007 规定,当墙下混凝土条形基础的宽度较大时,从满足强度要求并在节约材料的目的考虑,底板的受力钢筋可适当减短并交错配置。

在转角处两个方向的受力钢筋不宜减短,可重叠放置,取消分布钢筋,但需要与分布钢筋在该处搭接。在 T 形和十字交叉点处,仅需要在长度较大方向配筋通长配置,另一个方向的受力钢筋不需要在交叉点处通长配置,但要设置分布钢筋,分布钢筋放置在受力钢筋的上排。

处理措施

(1) 墙下混凝土条形基础宽度 b 小于 2500mm 时,基础板内的下部受力钢筋应沿板长方向,不减短长度均匀设置。

(2) 基础板的宽度 $b \geqslant 2500$mm 时,受力钢筋的长度可取 $0.9b$,沿长度方向交错布置。

(3) 在十字和 T 形交叉处,板下部的受力钢筋可仅沿横墙方向通长布置,另一个方向的受力钢筋按设计间距布置到横墙基础板内 1/4 处。见图 5-7、图 5-8。

(4) 在拐角处两个方向的受力钢筋不应减短,应重叠配置并取消分布钢筋,见图 5-9。

(5) 每延长米内分布钢筋的截面面积不应小于受力钢筋截面面积的 1/10,钢筋的直径不小于 8mm,间距不大于 300mm。

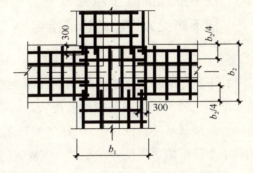

图 5-7 十字交叉处底板配筋

(6) 分布钢筋与受力钢筋的搭接长度不小于 300mm。

(7) 受力钢筋采用光圆钢筋时,端部应设置 180°弯钩,分布钢筋的端部不设置弯钩。

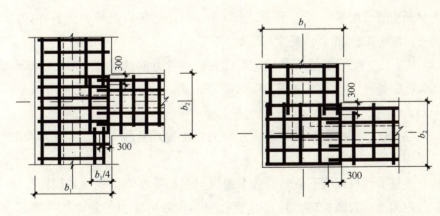

图 5-8 T 形交叉处底板配筋　　图 5-9 拐角处底板配筋

5.5 柱下独立混凝土基础板受力钢筋配置的构造措施，多桩承台板下部受力钢筋的构造措施

柱下独立混凝土基础下部钢筋在两个方向均为受力钢筋，当基础的宽度或长度不大时，下部钢筋应通长配置，而基础的宽度或长度较大时，根据现行《建筑地基基础设计规范》GB 50007 的规定可减短并交错设置。偏心基础的柱中心线至短边的尺寸较小时，该侧钢筋不应减短配置。

独立柱下桩承台中的下部钢筋应通长设置，当承台下为多桩，承台的宽度和长度较大时，不能按独立基础减短配置下部钢筋。根据现行的《建筑桩基技术规范》JGJ 94 规定，钢筋在承台端部应满足锚固长度的要求。通长配置的承台下部钢筋的目的主要是保证桩基承台具有良好的受力性能。墙下条形桩基承台梁纵向钢筋在端部的锚固要求与多桩承台相同。

处 理 措 施

（1）柱下独立混凝土基础底板的长度 L 或宽度 B 小于 2500mm 时，两个方向的钢筋应通长配置，当 L 和 $B \geqslant 2500$mm 时，除板底最外侧钢筋外，其他钢筋可以减短 10% 并交错配置。见图 5-10。

（2）柱下独立混凝土偏心基础，基础底板长度方向的尺寸 $L \geqslant 2500$mm，但基础短方向外边缘至柱中心距离 <1250mm 时，短方向的钢筋不应减短。见图 5-11。

（3）独立柱下多桩承台板下部钢筋应通长配置，见图 5-12。并在承台的端部满足锚固长度的要求。

（4）多桩承台板或墙下条形承台梁的纵向钢筋应在端部锚固，锚固长度从边桩的内侧（当为圆桩时，应将其直径乘 0.8 后折算为等效方桩）算起，不应小于 $35d$（d 为纵向钢筋直径）；当水平段不能满足直锚长度时，可将纵向钢筋向上（或下）弯折，此时水平段的长度不应小于 $25d$，弯折后的竖向长度不应小于 $10d$。见图 5-13、图 5-14。

（5）纵向钢筋的最小保护层厚度，应满足环境类别的耐久性要求。

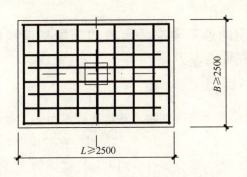

图 5-10 独立基础底板配筋

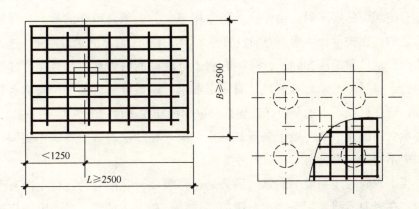

图 5-11 偏心独立基础底板配筋　　图 5-12 多桩承台底板配筋

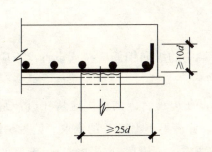
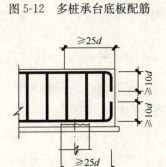

图 5-13 承台板底部钢筋　　　　　图 5-14 承台梁纵向钢筋
　　　 在端部锚固　　　　　　　　　　 在端部锚固

5.6 桩基承台间的连系梁在承台内的锚固构造措施，连系梁内最大箍筋间距构造要求

当建筑的基础形式为桩基础时，通常在桩承台间设置连系梁。根据现行《建筑桩基技术规范》JGJ 94 规定，一柱一桩应在桩顶两个垂直方向设置连系梁，其目的是为保证桩基的整体性；当桩与柱截面的直径比大于 2 时，可不设置连系梁。因为在水平力的作用下承台水平位移很小，可以满足柱在桩内的嵌固假定。两桩承台由于短方向抗弯刚度较小，因此在短方向应设置连系梁。有抗震设防要求时，由于在地震作用下，各桩承台所受的剪力和弯矩是不确定的，在桩承台间两个方向设置连系梁，有利于桩基的受力性能。连系梁的顶面与承台顶面应在同一标高，有利于把柱底的剪力和弯矩直接传递至承台。由于桩基伸入承台内的尺寸有一定要求，连系梁的底部不应与承台底部平齐，应在桩顶以上的部位保证连系梁纵向钢筋在承台内的锚固及贯通。

承台间的连系梁与墙下条形桩基承台梁，在端部的锚固要求不相同，在施工中不要把这两种梁的构造做法混淆。

当承台间的连系梁中的纵向钢筋是根据强度计算配置的，梁上部有砌体墙时，在竖向荷载作用下，连系梁的工作状态相当于墙梁，纵向钢筋应按墙梁的构造要求配置，且不宜采用绑扎搭接接头。

处理措施

（1）位于同一轴线上的相邻跨连系梁中的纵向钢筋应拉通设置，不应分别在各自跨度内锚固在承台内。见图 5-15。

（2）边跨承台连系梁中的纵向钢筋，在边承台内的锚固应从柱边开始计算，伸入承台内的锚固长度按抗拉计算，并满足不小于 l_a 的要求。见图 5-16。

（3）连系梁一般不考虑按抗震措施要求，不设置箍筋加密区，箍筋的间距不应大于 200mm。

（4）承台连系梁中的纵向受力钢筋，应满足相应环境类别（除特殊情况外应为二 a 或二 b 类）耐久性最小保护层厚度的要求。

(5) 纵向钢筋采用机械连接或焊接,箍筋应为封闭式。

(6) 连系梁第一道箍筋距柱边 50mm 开始放置。

(7) 当施工图设计文件中有特殊要求时,应按其要求施工。

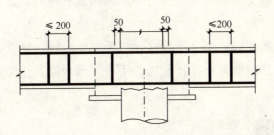

图 5-15　连系梁纵筋在承台内连通

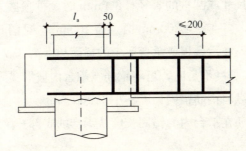

图 5-16　边跨连系梁纵筋在承台内锚固

5.7　桩顶伸入承台板或承台梁中的长度规定,桩顶纵向钢筋在承台或承台梁中锚固长度的构造措施

桩应嵌入承台板或承台梁中一定的长度,现行《建筑桩基技术规范》JGJ 94 及《高层建筑混凝土结构技术规程》JGJ 3 对桩顶嵌入承台内的长度有明确规定,其长度是根据实际工程经验确定的,嵌入承台内的深度不宜过大,否则会降低承台的有效高度,对受力不利。嵌入的深度通常按桩的断面尺寸或直径的大小而不同,当桩径较小时,嵌入承台内的深度应小些,而桩径较大时,则需要长度大些。我国地域广阔,而且地质条件各不相同,部分省、市、自治区根据本地的地质条件特点和成熟的工程施工经验,编制了符合本

地情况的基础设计及施工规范，施工时除应符合国家桩基的技术规范外，还应遵守当地的地方规范或技术规程规定。

桩纵向钢筋在承台内应满足一定的锚固长度要求，一般情况下桩承受压力，特殊情况时桩受拉。对于抗拔桩中纵向钢筋在承台内的锚固长度，应按钢筋受拉锚固长度确定。

对大直径的灌注桩，当采用一柱一桩设置承台时，桩纵向钢筋应锚固在承台内，当桩与柱的截面尺寸比较大而不设置承台时，柱中的纵向受力钢筋直接锚固在桩内。

处 理 措 施

（1）桩的截面尺寸或圆桩的直径<800mm 时，桩顶嵌入承台板或承台梁内的深度为 50mm，当直径≥800mm 时，为 100mm。见图 5-17、图 5-18。

（2）桩纵向钢筋在承台板或承台梁内的锚固长度为 35d（d 为桩纵向钢筋直径），当直线锚固长度不足时，可将钢筋在承台内坡形锚固或弯折锚固。

（3）抗拔桩的纵向钢筋锚固长度不小于 40d。

（4）桩纵向钢筋在承台内的锚固长度从承台的底部开始计算。

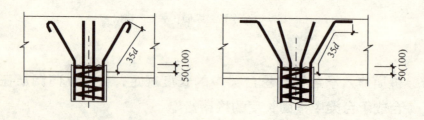

图 5-17　桩在承台内嵌固及　　　　图 5-18　桩在承台内嵌固及
　　　　光圆钢筋的锚固　　　　　　　　　　　纵筋锚固

（5）当桩纵向钢筋为光圆钢筋时，端部应设置 180°弯钩，但弯钩的长度不计在总锚固长度尺寸内。

（6）桩嵌入承台内的深度及锚固长度，还应满足在建当地的地方标准、规程的要求。

5.8 三桩承台受力钢筋的布置方式及构造处理措施

当独立柱下的多桩为三根时，承台平面形状通常设计为等边三角形或等腰三角形，承台下部是受力钢筋，布置方式与矩形承台不同，受力钢筋在平面上是三个方向的板带，应沿三个边平行均匀布置。为提高承台中部的抗裂性能，最内侧的三根钢筋围成的三角形应在柱的范围内。承台内的受力钢筋有最小直径和最大间距的要求，其主要目的是为满足施工方便和受力要求。

根据现行的《建筑桩基技术规范》JGJ 94 规定，独立柱下桩承台中的下部受力钢筋应通长设置，且钢筋在承台端部应满足锚固长度的要求。三角形承台与矩形承台下部受力钢筋的布置方式不同。由于三角形承台每个方向每根钢筋的长度均不相同，因此每根钢筋从桩边的内侧算起的锚固长度满足 $35d$ 时，可不采用弯折锚固，当直锚的长度不能满足时，可采用向上弯折锚固方式，但水平段不应小于 $25d$，弯折后的竖直段不小于 $10d$。工程中常用的桩断面为圆形，计算锚固长度时应将圆形桩的直径乘以 0.8，折算成等效的方桩确定桩边内侧的位置。

处 理 措 施

(1) 按板的三个方向板带均匀布置受力钢筋，且应在三个方向咬合布置。见图 5-19。

(2) 三个方向最内侧的钢筋应布置在柱的范围内，见图 5-20。

(3) 承台内的受力钢筋最小直径 $d \geqslant 12\text{mm}$，间距应 $\leqslant 200\text{mm}$，板带上的

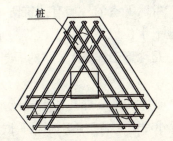

图 5-19 钢筋按三向板带咬合布置

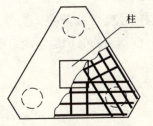

图 5-20 板带最内侧钢筋在柱范围内

分布钢筋布置在受力钢筋上排，且应垂直于受力钢筋方向。

（4）当承台内的每根受力钢筋在端部的锚固满足直锚要求时，可不采用弯折锚固。采用弯折锚固时的水平段需满足不小于 $25d$，垂直段应不小于 $10d$。见图 5-21。

（5）圆形桩应折算成方桩后，计算承台受力钢筋在端部的锚固长度。见图 5-22。

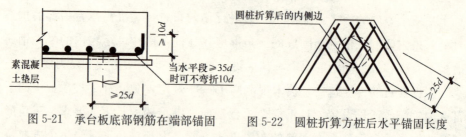

图 5-21　承台板底部钢筋在端部锚固　　　图 5-22　圆桩折算方桩后水平锚固长度

5.9　各类基础构件中钢筋保护层厚度的规定

各类构件中纵向受力钢筋的保护层最小厚度，是现行《混凝土结构设计规范》GB 50010 中的强制性条文，按混凝土的强度等级和环境类别确定。其目的是要使受力钢筋有效锚固，满足结构构件的耐久性要求，在施工图设计文件中应有明确注明。基础构件的要求与其他构件的要求不完全相同，一般是按是否有垫层而规定保护层的厚度，且比一般构件的厚度要大些，这是根据长期工程经验确定的。

桩基础纵向钢筋的保护层厚度，根据环境的类别及地下土质、地下水等因素确定。箱形基础的地下室外墙，要考虑是否有建筑防水和防水材料的保护层，以确定外侧受力钢筋的保护层厚度。当地下室的外墙有建筑防水时，保护层的厚度可减薄些。当外墙长期处于地下水位以下，并无建筑防水时，要求外侧钢筋的保护层厚度不小于 50mm，这是地下工程防水要求的强制性规定。

桩承台下部受力钢筋保护层厚度，根据现行《建筑桩基技术规范》JGJ 94 规定，除要考虑承台下是否有垫层的因素外，还要满足不小于桩头嵌入承台内的长度的要求。

在民用建筑工程中，基础通常处在二 a、二 b 或三类环境中，对处于有侵蚀介质作用环境中的基础，其保护层厚度应符合有关标准的规定。通常的做法按现行《工业建筑防腐蚀设计规范》GB 50046 中的有关规定采用。

四五类环境在民用建筑工程的基础中极少遇到，属非共性的问题。在港口工程中及工业建筑中这两种环境类别相对多些，钢筋保护层厚度的确定应符合相应标准或规范中的规定。

我国地域广阔，而且水文地质条件各不相同，地下水及土质对混凝土和钢筋的腐蚀情况也不尽相同，部分省、市、自治区根据本地的地质条件特点和成熟的工程施工经验，编制了符合本地的基础设计及施工规范，施工时除应符合国家标准、规程、规范外，还应遵守当地的地方规范或技术规程中的有关规定。

处 理 措 施

（1）独立基础、条形基础有垫层时，受力钢筋的最小保护层厚度为 40mm，无垫层时不小于 70mm。

（2）筏形及箱形基础的底板有垫层时，受力钢筋的最小保护层厚度为 40mm，无垫层时不小于 70mm。

（3）地下室外墙长期处于地下水位以下，且未对迎水面采取防水做法及保护措施时，受力钢筋的保护层厚度不小于 50mm，有防水做法及保护措施时为 35mm。外墙室内侧面应根据室内的环境类别确定保护层厚度，一般取 25mm。

（4）灌注桩纵向钢筋保护层厚度，无地下水时取 35mm，有地下水时取 60mm。

（5）桩承台下部受力钢筋保护层厚度，当无垫层时为 70mm，有垫层时取 50mm，且不应小于桩顶嵌入承台内的长度。

（6）基础梁、拉梁及连系梁纵向受力钢筋的保护层厚度，应根据构件的环境类别确定，当地基土对混凝土或钢筋有腐蚀性时，应按相应的防腐要求确定其厚度。

（7）当地方标准与国家规范、规程不一致时，应遵守地方标准的规定。

（8）当地下水、地基土对各类基础的混凝土及钢筋有腐蚀性时，应按施工图设计文件采取相应的防护措施，受力钢筋的保护层厚度还应符合有关标准、规范等规定。

5.10 筏形、箱形基础底板中上、下层钢筋在后浇带处的处理措施

在基础中的后浇带通常分为两种,温度后浇带和沉降后浇带,当基础的底板较长时,设计文件有时在基础中不设置永久温度缝,通常间隔30～40m设置一道温度后浇带,其目的可以部分消除在施工期间因温度的变化和混凝土的收缩而产生的裂缝。大量工程经验证明,设置温度后浇带是解决基础底板较长、混凝土收缩裂缝的有效措施。在混凝土收缩大部分完成后浇筑成整体。

沉降后浇带通常是因建筑立面高差较大,主楼与裙房上部的重量相差较大、地基沉降不一致而设置的,但永久性沉降缝对地下室的防水及空间的使用会有影响,故采用设置沉降后浇带的处理措施解决各部分在施工期间的沉降差,待地基沉降基本完成后再浇筑成整体。

后浇带的宽度为800～1000mm,设置在受力较小的部位并应贯通整个建筑的横断面,因两种后浇带的作用不同,后浇混凝土的时间要求也不一样。当地下水位较高时,后浇带的设置会影响井点降水的停止时间,特别是沉降后浇带要求各部分结构要在沉降基本完成后才能浇筑后浇带的混凝土,会给施工带来很大的不便。

采用正确处理后浇带的施工措施,可以满足设计目的。在底板后浇带处的上、下层受力钢筋处理方式通常有两种,在施工图设计文件上一般不作具体的规定,钢筋可以在后浇带处不断或全部断开,钢筋全部断开的处理措施比不断开更好,通过钢筋搭接传递应力,可以消除约束应力的聚集。但由于在同一连接区段内100%的搭接连接,后浇带的宽度较宽,材料用量也增加,因此许多工程中均采用钢筋不断开的处理方式。

处理措施

(1) 温度后浇带应在底板混凝土浇筑两个月后浇筑。

(2) 沉降后浇带应按施工图设计文件的规定,当各部分基本完成沉降,沉降观测的结果符合设计的要求后,再浇筑后浇带的混凝土。

(3) 后浇带的下部应预留不少于50mm的清扫建筑垃圾的高度,并增加

后浇带下部的混凝土厚度并配置构造钢筋。见图 5-23、图 5-24。

（4）后浇带浇筑混凝土前应认真清理建筑垃圾，清除浮浆并冲洗干净。混凝土的强度等级应提高一级并采用膨胀混凝土浇筑。

（5）后浇带处底板上、下钢筋贯通做法见图 5-23；全部采用搭接连接时，搭接长度 $l_l > 1.6 l_a$，其做法见图 5-24。

（6）当地下室长期处在地下水位以下时，后浇带两侧宜设置橡胶止水带或止水钢板。

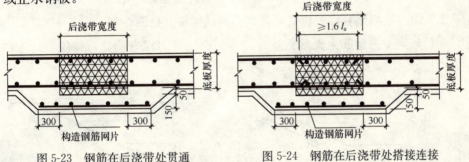

图 5-23　钢筋在后浇带处贯通　　　　图 5-24　钢筋在后浇带处搭接连接

5.11　平板式楼梯上、下层钢筋在下部基础锚固点的位置，人防楼梯在基础处的锚固措施

平板式楼梯在结构计算时，通常假定支座为简支，但考虑到支座对板的约束影响，上部配置构造钢筋，因此上部钢筋也应在支座内满足锚固长度的要求。无论平板式楼梯的基础是楼板还是梁，钢筋在支座内都应有足够的锚固长度，锚固起算点的位置影响到锚固长度是否满足长度要求。

人防地下室出入口处的板式楼梯，通常也是按简支假定计算强度，其上、下层钢筋在支座的锚固与普通楼梯要求不同，应符合地下室人防的特殊要求。因要考虑爆炸荷载对楼梯的作用可能是双向的，因此踏步段及平台板均布置双层钢筋，并在双层钢筋间设置拉结钢筋。楼梯的基础不应是砌体，而是混凝土板或梁。上、下层钢筋均考虑受力。根据现行《人民防空地下室设计规范》GB 50038 中规定，混凝土构件中纵向受力钢筋的锚固长度应满足 l_{aF} 的构造要求，因此平板式楼梯上、下层受力钢筋也应符合此规定。

处 理 措 施

(1) 普通平板式楼梯下部钢筋在支座内的锚固长度应不小于 $l_{aS}=5d$ (d 为下部受力钢筋直径)、踏步板的厚度,且至少伸至支座中心线处。

(2) 普通平板式楼梯上部钢筋在基础内的锚固长度不小于 l_a,锚固起算点为第一踏步台阶处。见图 5-25。

(3) 人防板式楼梯上、下层纵向受力钢筋在基础内的锚固长度 l_{aF} 应不小于 $1.05l_a$。锚固起算点的位置同普通平板式楼梯。见图 5-26。

(4) 当受力钢筋为光圆钢筋时,端部应设置 180°弯钩,弯钩段不计入锚固总长度。

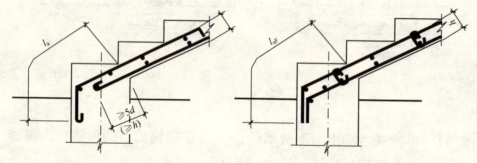

图 5-25 普通平板式楼梯钢筋在基础的锚固　　图 5-26 人防楼梯钢筋在基础的锚固

5.12 筏形基础中在剪力墙开洞的下过梁纵向钢筋及箍筋的构造处理措施

筏形基础有两种形式,一种为梁板式筏形基础,在高层建筑中剪力墙会落在基础梁上,当洞口开在梁上墙体时,基础梁可以作为剪力墙开洞的下过梁;另一种为平板式筏形基础,需要在筏板内设置下过梁。按现行《建筑地基基础设计规范》GB 5007 规定,筏形基础的内力按基底反力直线分布进行计算,或按弹性地基梁板方法进行分析计算。平板式筏形基础在墙洞口下应设置下过梁,过梁的断面是根据内力的情况而确定的,其宽度可与剪力墙厚度同宽,也可以比墙厚宽。最大宽度为墙厚加 2 倍的筏板有效高度(b+

$2h_0$)。施工图设计文件均会标注下过梁的断面尺寸。全部计算需要的纵向钢筋应配置在梁的范围内,并从洞边起计算锚固长度,箍筋是根据抗剪要求而配置的,但应在纵向钢筋伸入支座内的锚固长度范围内也设置箍筋。

处 理 措 施

(1) 平板式筏形基础在剪力墙下洞口设置的下过梁,纵向钢筋伸过洞口后的锚固长度不小于l_a,在锚固长度范围内也应配置箍筋。

(2) 下过梁与剪力墙同宽的构造做法见图 5-27。

(3) 下过梁的宽度大于剪力墙厚度时,纵向钢筋配置的范围应在$b+2h_0$内,锚固长度均应从洞口边计,箍筋应为复合封闭箍。见图 5-28。

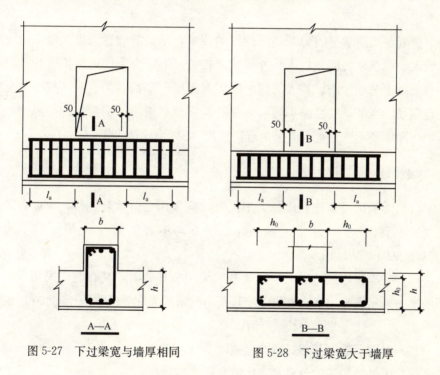

图 5-27 下过梁宽与墙厚相同　　　图 5-28 下过梁宽大于墙厚

5.13 墙下条形基础底面标高不同或高低基础相连接处的处理措施

墙下条形基础通常为浅基础,是多层民用建筑及轻型工业厂房经常选用的基础形式。条形基础分为两种形式：无筋扩展条形基础（又称为刚性基础）和扩展基础（又称为柔性基础）。无筋扩展基础是用砖、毛石、混凝土或毛石混凝土、灰土及三合土等材料组成的基础。这种基础的特点是抗压强度高、抗弯能力差，因此采用这样的基础形式时，需限制刚性角的大小不超过允许的最大刚性角，或基础的高宽比不超过允许值。为施工方便，通常基础截面做成台阶形，每个台阶高宽比均应满足刚性角的要求。当基础的外伸长度超过刚性角的要求时，由于基础材料的抗弯强度不足而产生破坏，使基础的承载力下降，影响上部结构的安全。刚性角的高宽比是根据所使用的基础材料、施工质量和基础底面压力大小而确定的。当不同墙段下条形基础因刚性角的限制或其他原因，造成基础底面的标高不同时，在连接处不能采用直槎连接，应采用放坡连接方式。

扩展基础通常是因为基础刚性角的要求，基础的埋置深度太深，挖土方量较大，或基础底面积较大、外伸长度较长，不适合采用无筋扩展基础时的一种混凝土基础做法。基础的底板处需要根据上部荷载的大小，按计算配置抗弯钢筋。当基础的埋深不同或因地基局部承载力不足需要加深等原因，在基础底面标高不同处也不应采用直槎连接，需要采用放坡连接方式。

处理措施

（1）无筋扩展基础在底标高不同处，应采用台阶放坡连接，放坡台阶的宽高比不宜大于2，通常的做法为水平方向不大于1m，高度方向不大于0.5m。见图5-29、图5-30。

（2）在冻胀地区，当无筋扩展基础采用多孔砖时，其孔洞应采用水泥砂浆灌实。采用混凝土空心砌块时，其孔洞应采用强度等级不低于Cb20的混凝土灌实。

（3）台阶形毛石基础每阶伸出宽度不宜大于200mm。

（4）无筋扩展基础台阶宽高比的允许值见表5-1。

（5）扩展基础底标高不同处，应采用台阶放坡连接，落深高宽比为1∶1.5，且每阶高度不宜大于500mm，并在原基础标高处设置基础暗梁。见图5-31、图5-32。

（6）基础底面遇局部不均匀土层时，应清除软弱土，且将基础底面坐落在老土以下 100mm 处。如遇软弱下卧层时应同设计单位商定，根据下卧层的允许承载能力适当调整基础的宽度。

无筋扩展基础台阶宽高比的允许值　　　　　　　　　表 5-1

基础材料	质量要求	台阶（$b：H$）宽高比的允许值		
		$p_k \leqslant 100$	$100 < p_k \leqslant 200$	$200 < p_k \leqslant 300$
混凝土基础	C15	1：1.00	1：1.00	1：1.25
毛石混凝土基础	C15	1：1.00	1：1.25	1：1.50
砖基础	砖不低于 MU10 水泥砂浆不低于 M5	1：1.50	1：1.50	1：1.50
毛石基础	水泥砂浆不低于 M5	1：1.25	1：1.50	—
灰土基础	体积比为 3：7 或 2：8	1：1.25	1：1.50	—
三合土基础	体积比为 1：2：4～1：3：6 （石灰：砂：骨料）	1：1.50	1：2.0	—

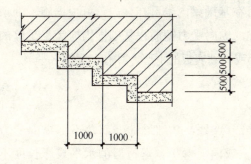

图 5-29　无筋扩展基础搭接纵剖面

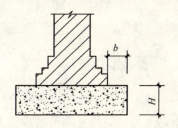

图 5-30　基础剖面图

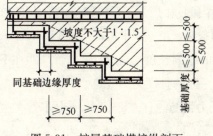

图 5-31　扩展基础搭接纵剖面

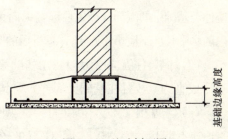

图 5-32　基础剖面图

5.14 框架柱与基础梁在边节点处的连接构造处理措施

当现浇混凝土结构的柱基础为柱下条形基础或梁板式筏形基础时,框架柱的嵌固端在基础梁的顶面处,为保证柱与基础符合设计嵌固的假定,除满足强度计算的配筋外,还应有可靠的构造措施保证。基础梁的宽度大于柱的断面尺寸时,柱中的纵向受力钢筋可直接锚固在基础梁内,当柱的断面尺寸大于基础梁的宽度时,为保证柱在基础梁内的嵌固作用,也为柱纵向受力钢筋能在基础梁内可靠地锚固,应在交点处的基础梁设置水平腋(八字脚),并在水平腋内配置构造钢筋。在施工时应注意基础梁与基础拉梁的区别,且构造要求也不同。

在端节点处基础梁无外伸时,基础梁内的上、下排纵向受力钢筋应在支座处可靠地锚固。高层建筑均会设置地下室,而多层建筑有时无地下室,构造处理措施也不相同。基础梁中的下部钢筋与柱的外侧纵向钢筋除满足锚固要求外,还要求有连接构造要求。连接方式可在基础梁内也可在柱内,可根据施工的条件及习惯选择其中一种。边柱及角柱的纵向受力钢筋在基础梁内应满足足够的竖直段长度,且均应伸至基础梁底部或基础底板的下部,并有一定的水平段。

处 理 措 施

(1)边框架柱与有外伸的基础梁节点处,基础梁的上部及下部纵向受力钢筋应伸至外伸基础梁的端部并向下或向上弯折,弯折后的水平投影长度不小于$12d$。见图 5-33。

(2)边框架柱与无外伸的基础梁节点处,基础梁的上部及下部纵向受力钢筋应伸至基础梁的端部或框架柱远端纵向钢筋内侧并向下或向上弯折,伸入框架柱内的水平长度不应小于$0.4l_a$,弯折后的竖直投影长度不小于$15d$。见图 5-34。

(3)框架柱纵向受力钢筋在基础梁内的锚固长度应满足l_{aE}(l_a),并在下端做成直钩,放置在基础梁底部,直钩水平段的长度为$12d$。

(4)当基础梁高度不满足框架柱纵向受力钢筋的直锚长度时,锚固长度的竖直段应不小于$0.5l_{aE}$($0.5l_a$)和$20d$的较大值,下端直钩的水平段不小于$12d$。

(5)梁板式筏形基础端节点处,当筏形基础梁无外伸时,基础梁的上、下部纵向受力钢筋应伸至框架柱远端纵向钢筋内侧并向下或向上弯折,伸入框架柱内的水平长度不应小于 $0.4l_a$,弯折后的竖直投影长度不小于 $15d$。见图 5-35、图 5-36。

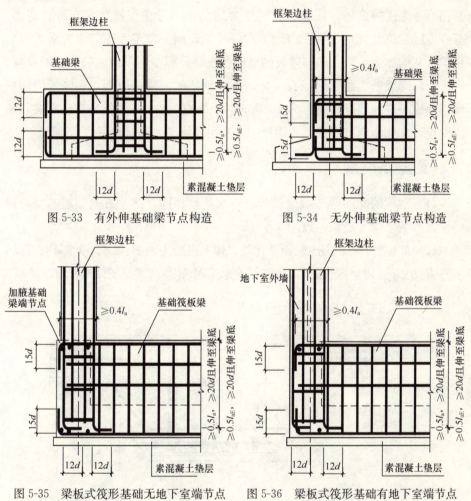

图 5-33 有外伸基础梁节点构造　　图 5-34 无外伸基础梁节点构造

图 5-35 梁板式筏形基础无地下室端节点　　图 5-36 梁板式筏形基础有地下室端节点

5.15　筏形基础或地下室防水板局部降板处,钢筋在弯折部位的处理措施

在地下室底板处一般都会有局部降板的情况,如高层建筑的地下室会设

置电梯地坑、集水坑、电缆沟等，由于功能和使用要求，该处均比筏板基础或防水板低，不论底板是否配置受力钢筋，局部降低处板内的钢筋在混凝土断面变化处均应满足锚固长度的要求。筏形基础是基础的一种形式，通常该基础不考虑抗震措施，因此板中的受力钢筋也不考虑按抗震要求进行锚固。有些多层建筑设置地下室，因地下水位较低，地下室不考虑防水要求，而采用扩展基础加防水板。局部降板的地坑底板部分厚度同筏板或防水板的厚度。由于局部降板处混凝土断面有变化，考虑到基础沉降等原因，在降板的侧壁底部做成一定的坡度，通常为45°或60°，坡度的大小与降板的高度有关，施工图设计文件均应有标注。若图纸中未注明具体的坡度时，可按45°考虑。

处 理 措 施

（1）地坑的配筋与底板（筏板、防水板）相同，同一方向钢筋的层与排的上、下关系应与底板一致。

（2）底板钢筋在混凝土断面变化处，伸入混凝土内的锚固长度应不小于l_a，若直锚长度不足时可弯折锚固，但应满足总锚固长度$\geqslant l_a$。见图 5-37、图 5-38。

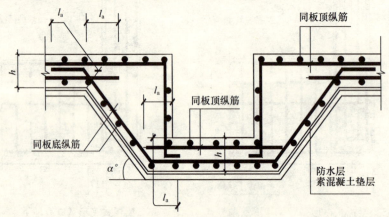

图 5-37 地坑深度大于底板厚度

（3）当地坑的底板与基础底板的坡度较小时，钢筋可以连通设置，不必各自截断并分别锚固（坡度不大于1∶6）。见图 5-39。

（4）在两个方向配筋的交角处的三角形部位，在板下部应配置同板下部钢筋相同直径的放射形钢筋，在1/2的高度处钢筋间距应同板下部钢筋，并

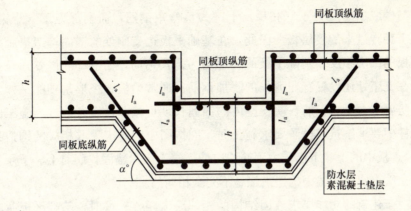

图 5-38 地坑深度小于底板厚度

伸入混凝土断面变化处内不小于 l_a 的长度。见图 5-40。

(5) 基坑侧壁水平钢筋的直径及间距,与底板上部同方向的钢筋相同,摆放的位置关系(在竖向钢筋的内侧或外侧)可根据施工时的方便程度确定,但要注意混凝土保护层的厚度要求。

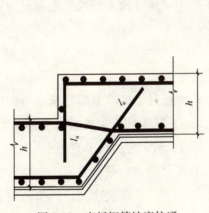

图 5-39 底板钢筋坡度拉通

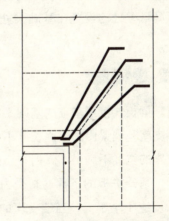

图 5-40 交角部位的放射钢筋(平面)

5.16 梁板式筏形基础的基础平板当无外伸时,板中受力钢筋在端支座处的锚固构造措施,板在有高低差处的构造处理措施

梁板式筏形基础的基础平板中的受力钢筋,当端支座处基础平板无外伸

时,与楼层板的受力正好相反,下部为负弯矩钢筋,而上部为正弯矩钢筋,相当于翻转过来的楼层板。因此,在基础平板边支座处的锚固构造措施也与楼层板的做法相反。基础平板的上部均为通长钢筋,而下部除设置通长钢筋外,在支座处还设置有非通长的附加钢筋。通常梁板式筏形基础的平板无抗震设防要求,受力钢筋在端支座内的锚固长度可按非抗震考虑(当施工图设计文件中要求按抗震设防要求施工时,应按图中的要求采取相应的构造处理措施)。板中的上、下层受力钢筋均应伸入端支座内锚固,而对上、下层受力钢筋在端支座内的锚固构造措施是不完全相同的。

由于建筑的功能要求或因结构的相邻跨度相差较大时,基础平板有时会在局部设置高差,结构工程师为节约材料,也会根据结构的跨度不同,设计不同的基础平板厚度。在变断面处或板厚度变化处,受力钢筋通常需要截断锚固或搭接处理。当板的上部平而下部有高差时,在高差处为防止应力集中,要采取放坡过渡连接,通常的连接坡度为45°,当板的下部有高差时,板中的下部受力钢筋应在高差处截断并分别锚固。一般情况下,基础平板厚度变化处及有高低差处均设置在基础梁处,即在跨内支座处改变板的厚度和设置高低差。

处 理 措 施

(1) 梁板式筏形基础的基础平板当无外伸板时,板的上部通长受力钢筋伸入端支座基础梁内的锚固长度不小于 $12d$,并至少伸至端支座的中心线处。当端支座的宽度不满足 $12d$ 时可下弯补足,弯折后的竖直段不宜小于 $5d$。

(2) 基础平板的下部通长受力钢筋和非通长附加钢筋,伸入端支座内的锚固长度应不小于 l_a,当端支座的宽度不满足直锚长度要求时,可采用向上弯折锚固。弯折前的水平段不小于 $0.4l_a$,弯折后的竖直段不小于 $15d$。见图 5-41。

(3) 当基础平板的厚度不同且下部平而上部不平时,下部受力钢筋在中间支座处应通长设置,上部受力钢筋在支座处分别锚固,各自伸入支座内的锚固长度不小于 $12d$,且应伸至支座中心线处。当支座的水平宽度不足时可采用向下弯折锚固并补足总锚固长度,弯折后的竖直段不宜小于 $5d$。见图 5-42。

(4) 当基础平板的厚度不同,且上部平而下部不平时,上部受力钢筋可以在支座处连续通过,也可以在支座处截断分别锚固。下部受力钢筋在变断面处截断分别锚固,并应满足不小于锚固长度 l_a 的要求。见图 5-43。

(5) 当基础平板的上、下均有高差时,板中的受力钢筋可按以上各条不同部位的构造措施处理。见图 5-44。

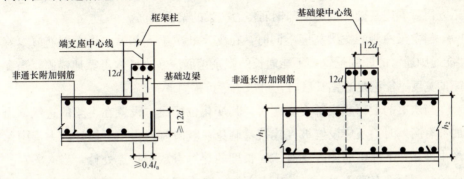

图 5-41 板钢筋在端支座锚固　　　图 5-42 板顶高差钢筋锚固

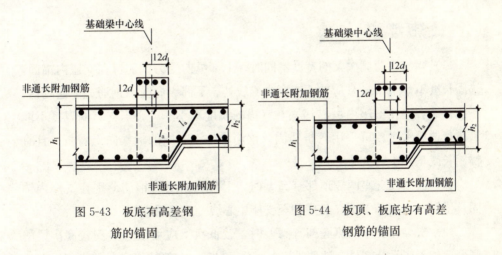

图 5-43 板底有高差钢　　　图 5-44 板顶、板底均有高差
　　　　筋的锚固　　　　　　　　　　钢筋的锚固

5.17 梁板式筏形基础次梁在支座两侧的截面宽度、截面高度不同,次梁的底部及顶部有高差时纵向钢筋的锚固处理措施

梁板式筏形基础除设置与框架柱相连的主梁外,有时因基础平板跨度较

大，为减小板的厚度而设置次梁。梁板式筏形基础的次梁相当于翻置的楼板次梁，上部钢筋为正弯矩钢筋，而下部钢筋为负弯矩钢筋，基础通常不考虑抗震构造要求，不设置梁的箍筋加密区（施工图设计文件中注明按抗震设防要求施工时，应按图中的要求采取相应的构造处理措施）。次梁下部一般不设置通长钢筋，除支座设置的负钢筋外，跨中均应为箍筋的架立钢筋，为了施工方便可利用基础平板的下部钢筋作为次梁的架立钢筋。

当主梁两侧的次梁宽度不同时，在支座处次梁下部纵向受力钢筋应本着"能通则通"的原则配置，不能通长的多余钢筋应在支座内可靠地锚固。当支座的宽度不能满足直锚长度时，可采用弯折锚固。

当次梁的顶部或底部有高差时，其变化位置通常设置在主梁的边缘，当底部有高差时，还应设置坡度连接，避免在竖向荷载作用下该处应力集中而产生破坏。下部钢筋伸入支座锚固长度的起算点从弯折点处计。当次梁在支座的两侧顶部有高差时，在跨内上部纵向受力钢筋应通长配置，两侧上部纵向受力钢筋分别在支座内锚固。

处 理 措 施

(1) 当支座两侧次梁的宽度不同时，上部纵向受力钢筋可在支座内锚固，锚固长度不小于$12d$且应伸至支座中心线处。下部纵向受力钢筋应能通则通，不能拉通者应在支座内可靠锚固，直锚的长度不小于l_a，当支座的宽度不能满足直锚要求时，可采用弯折锚固，钢筋应伸至支座的远端向上弯折，且总锚固长度不小于l_a。见图5-45。

(2) 次梁在支座两侧顶部有高差时，上部纵向受力钢筋分别在支座内锚固，锚固长度不小于$12d$且应伸至支座中心线处。见图5-46。

(3) 次梁在支座两侧底部有高差时，较低次梁应坡度连接到较高次梁的底部，施工图设计文件未注明坡度时可采用45°。底部较高次梁的底部纵向受力钢筋伸入支座的锚固起算点从弯折点处计，锚固长度不小于l_a。底部较低次梁的下部纵向受力钢筋，最下层伸至弯折点后锚固长度应不小于l_a，以上各层下部钢筋锚固点可从支座的边缘处算起。见图5-47。

(4) 当次梁在支座两侧的上、下均有高差时，次梁中的纵向受力钢筋可按以上各条不同部位的构造措施处理。见图5-48。

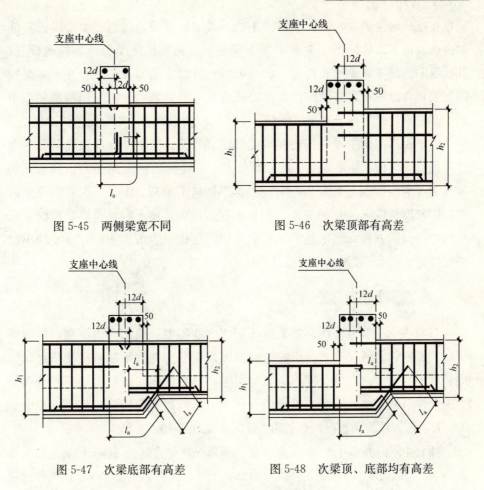

图 5-45 两侧梁宽不同

图 5-46 次梁顶部有高差

图 5-47 次梁底部有高差

图 5-48 次梁顶、底部均有高差

5.18 梁板式筏形基础的主梁在框架柱两侧宽度不同时、梁在框架柱处有高差时，纵向受力钢筋的构造处理措施

梁板式筏形基础的主梁是指以框架柱为支座的梁，通常主梁的宽度小于框架柱，当梁宽小于框架柱的宽度时，为方便框架柱纵向受力钢筋在基础梁中锚固，会在交点处设置主梁的水平腋。当主梁的相邻跨度相差较大或荷载也相差较大时，主梁的宽度或高度会在支座处改变。除施工图设计文件有特殊要求外，一般情况下主梁不考虑抗震设防要求，因此主梁中的纵向受力钢

筋在支座处的锚固按非抗震要求。主梁不考虑抗震设防时也不需要设置箍筋加密区，很多设计图纸中要求主梁下部的箍筋角部纵向受力钢筋拉通设置，其他纵向钢筋不需要通长设置。支座处因计算强度的需要，还会在下部配置附加的负弯矩短筋。箍筋底部角部处未设置通长钢筋时，可利用基础平板中的下部钢筋，或另行设置架立钢筋。上部纵向受力钢筋应在跨内通长设置。

由于筏形基础主梁的钢筋在节点处比较密集，当主梁在框架柱两侧的宽度不同时，应按"能通则通"的原则处理，不能拉通的纵向受力钢筋应在框架柱处可靠地锚固。梁有高差时应根据不同情况处理，上、下纵筋在支座内的锚固长度均应满足 l_a 的要求，当框架柱的截面宽度不满足直锚长度时，可采用弯折锚固方式。当主梁底部有高差时，还应设置坡度连接，高差较小时坡度通常为 45°，或按施工图设计文件中的规定执行。

处理措施

（1）主梁在框架柱两侧的宽度不同时，应本着能通则通的原则，尽量将可以拉通的钢筋通长设置。不能拉通的纵向钢筋应在框架柱内可靠锚固，锚固长度不小于 l_a。直锚长度不满足时可采用弯折锚固，主梁上、下的纵向受力钢筋伸至框架柱远端竖向纵筋内侧向上、下弯折，弯折前的水平段不小于 $0.45l_a$，弯折后的竖直段投影长度为 $15d$。见图 5-49。

（2）主梁的上部有高差时，较低梁的上部纵向受力钢筋可伸至较高主梁内直线锚固，锚固长度不小于 l_a，较高梁顶部最上层纵向受力钢筋应伸至框架柱远端竖向纵筋内侧向下弯折，从较低梁顶部向下锚固长度不小于 l_a。上部其他层纵向受力钢筋，满足直锚长度时可以不弯折，直锚长度不满足时可采用弯折锚固，弯折前的水平段不小于 $0.45l_a$，弯折后的竖直段投影长度为 $15d$。见图 5-50。

（3）当主梁的顶部平而底部不平时，较低梁的底部应坡度连接到较高梁的底部。较高梁底部纵向受力钢筋伸至较低梁内直锚，锚固长度的起算点为坡度变化处，较低梁的下部纵向受力钢筋的最下层，应伸过上部弯折点处 l_a 的长度，以上各层钢筋可从框架柱边起算锚固长度且不应小于 l_a。见图 5-51。

（4）当主梁在框架柱两侧的上、下均有高差时，主梁中的纵向受力钢筋可按以上各条不同部位的构造措施处理。见图 5-52。

（5）主梁第一道箍筋的设置位置距框架柱外边缘处不大于 50mm。

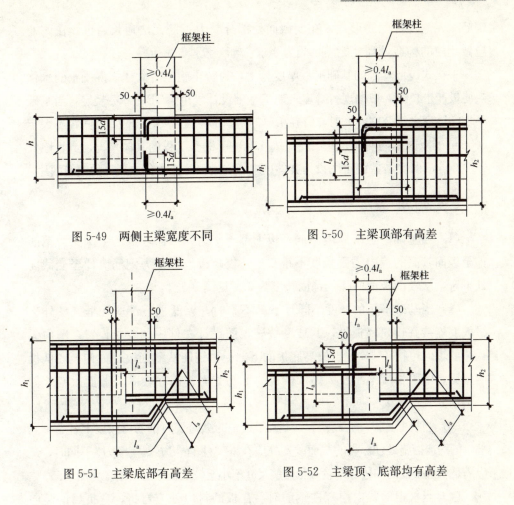

图 5-49 两侧主梁宽度不同　　图 5-50 主梁顶部有高差

图 5-51 主梁底部有高差　　图 5-52 主梁顶、底部均有高差

5.19 平板式筏形基础的基础平板变断面处受力钢筋的构造处理措施

平板式筏形基础是筏形基础的一种，基础底板仅是平板而不设置主、次梁，它的结构形式与倒置的板柱体系（无梁楼板）近似，当结构的相邻跨度相差较大时，基础平板会呈变截面，其板的厚度与基础的受力情况、板的抗冲切强度、框架柱纵向受力钢筋的锚固等因素有关。其配筋通常有两种形式：不分板带上、下层受力钢筋的间距相同，或按柱上板带和跨中板带分别配置

钢筋。无论哪种配筋形式，在变截面处部分受力钢筋无法通长通过，在该处应做相应的构造处理才能满足受力要求。

平板式筏形基础的基础平板厚度较大，为防止施工时大体积混凝土的水化热使板产生裂缝，根据现行《建筑地基基础设计规范》GB 50007 规定，当基础平板的厚度大于 2000mm 时，宜在板厚的中间部位设置不小于 $\phi12$、间距不大于 300mm 的双向钢筋网片。此项规定执行时也可根据工程的具体情况，当板厚大于 2000mm 时，有些施工图设计文件也未规定设置防止水化热裂缝的钢筋网片。

处 理 措 施

（1）当基础平板的厚度不同、板上部不平时，板面较低的上部受力钢筋伸至板面较高的板内锚固长度不小于 l_a，较高板上部受力钢筋应伸至变截面处下弯，从较低板面向下的锚固长度为 l_a。见图 5-53。

（2）当基础平板的厚度不同且下部不平时，较低板下部应在框架柱外边缘坡度连接到较高底板处，其坡度按施工图设计文件中的要求设置，图中无具体要求时可按 45°放坡。较高底板的下部受力钢筋从截面改变处伸至较低板内锚固，锚固长度不小于 l_a。较低板的下部受力钢筋在较高板截面改变处伸至板内的长度为 l_a。见图 5-54。

（3）当板上、下均有高差时，基础平板中的纵向受力钢筋可按以上各条不同部位的构造措施处理。板的截面改变处应在框架柱的外边缘，当板厚不同时，还应满足从框架柱的内边缘向较高板过渡尺寸不小于较大板厚的要求。见图 5-55。

（4）当板中配置中层双向钢筋时，在板的封边处应弯折，弯折后的竖向尺寸应不小于 $12d$。见图 5-56。

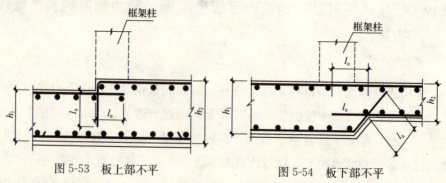

图 5-53　板上部不平　　　　图 5-54　板下部不平

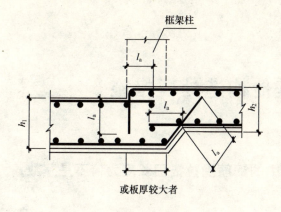
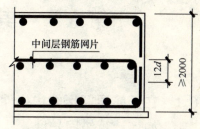

图 5-55　板上、下部均不平　　　　图 5-56　中间层钢筋网片端部构造

第六章 其他构造处理措施

6.1 在钢筋混凝土结构构件中的钢筋受拉锚固长度为何不是整数，如何计算锚固长度

原规范的锚固长度是按 $5d$ 为间隔的整数方式取值，不能准确地反映不同锚固条件对锚固强度的影响；随着我国钢筋强度等级的不断提高，结构形式的多样性也使锚固条件有了很大的变化，根据系统试验研究及可靠度的分析结果并参考国外的标准，现行《混凝土结构设计规范》GB 50010 给出了当充分利用钢筋的抗拉强度时钢筋锚固长度的计算公式。基本锚固长度 l_a 与钢筋的抗拉强度设计值 f_y 和混凝土的抗拉强度设计值 f_t 有关，钢筋的外形也影响锚固长度，因此利用钢筋的外形系数 α 来考虑对锚固长度的影响；当混凝土的强度等级高于 C40 时，仍需按 C40 计算，其目的是为了控制在高强混凝土中锚固长度不至于过短；当钢筋的直径大于 25mm 时，避免钢筋直径较大时因相对肋高减小而降低锚固作用，因此对锚固长度适度加大，乘 1.1 的修正系数。

在地震的过程中，考虑地震作用时结构构件中的纵向受力钢筋均会处于受拉、受压的交替受力状态，这时钢筋的锚固状况比单纯的受拉更不利，根据不同的抗震等级，受拉钢筋的抗震锚固长度 l_{aE} 增大的系数也不同。

当受力钢筋在混凝土施工中会受到扰动时（如滑模施工等），其锚固长度还应乘以修正系数 1.1。在任何情况下受力钢筋的锚固长度均不应小于 250mm。

处理措施

(1) 普通钢筋的抗拉锚固长度：$l_a = \alpha f_y d / f_t$（d 为钢筋直径）。

(2) 预应力钢筋抗拉锚固长度：$l_a = \alpha f_{py} d / f_t$（$d$ 为钢筋直径）。

(3) 受拉钢筋抗震锚固长度：

① 一、二级抗震等级：$l_{aE}=1.15l_a$

② 三级抗震等级：$l_{aE}=1.05l_a$

③ 四级抗震等级：$l_{aE}=l_a$

(4) 任何情况下，受力钢筋的最小锚固长度不得小于 250mm。

(5) 受拉钢筋最小筋锚固长度 l_a 见表 6-1，受拉钢筋抗震锚固长度 l_{aE} 见表6-2。

受拉钢筋最小锚固长度 l_a 表 6-1

钢筋种类	混凝土强度等级	C20		C25		C30		C35		≥C40	
	钢筋直径	d≤25	d>25	d≤25	d>25	d≤25	d>25	d≤25	d>25	d≤25	d>25
HPB235	普通钢筋	31d	31d	27d	27d	24d	24d	22d	22d	20d	20d
HRB335	普通钢筋	39d	42d	34d	37d	30d	33d	27d	30d	25d	27d
	环氧树脂涂层钢筋	48d	53d	42d	46d	37d	41d	34d	37d	31d	34d
HRB400	普通钢筋	46d	51d	40d	44d	36d	39d	33d	36d	30d	33d
RRB400	环氧树脂涂层钢筋	58d	63d	50d	55d	45d	49d	41d	45d	37d	41d

注：当受拉钢筋是光面钢筋时，端部应设置180°弯钩，弯钩后直线长度为3d，弯钩部分不计入锚固长度，受压钢筋端部可不设置弯钩。

受拉钢筋抗震锚固长度 l_{aE} 表 6-2

钢筋种类及直径		混凝土强度等级 抗震等级	C20		C25		C30		C35		≥C40	
			一、二级	三级	一、二级	三级	一、二级	三级	一、二级	三级	一、二级	三级
HPB235	普通钢筋		36d	33d	31d	28d	27d	25d	25d	23d	23d	21d
HRB335	普通钢筋	d≤25	44d	41d	38d	35d	34d	31d	31d	29d	29d	26d
		d>25	49d	45d	42d	39d	38d	34d	34d	31d	32d	29d
	环氧树脂涂层钢筋	d≤25	55d	51d	48d	44d	43d	39d	39d	36d	36d	33d
		d>25	61d	56d	53d	48d	47d	43d	43d	39d	39d	36d
HRB400 RRB400	普通钢筋	d≤25	53d	49d	46d	42d	41d	37d	37d	34d	34d	31d
		d>25	58d	53d	51d	46d	45d	41d	41d	38d	38d	34d
	环氧树脂涂层钢筋	d≤25	66d	61d	57d	53d	51d	47d	47d	43d	43d	39d
		d>25	73d	67d	63d	58d	56d	51d	51d	47d	47d	43d

注：四级抗震等级同非抗震。

6.2 在有人防要求的地下室结构，构件中的纵向受力钢筋锚固长度及钢筋连接的措施

在有人防要求的地下室结构中，无论上部结构是否有抗震要求，人防构件中的受力钢筋均应满足人防构件受拉锚固长度要求。当地下室的抗震设防等级高于三级时，应按抗震设防等级计算锚固长度，特别注意无抗震设防要求构件中钢筋的锚固长度不能按非抗震考虑，而应按人防构件的受力钢筋锚固长度计算；当受力钢筋采用绑扎搭接连接时，搭接的长度是按人防要求计算的。人防地下室受力钢筋的锚固长度及绑扎搭接连接的长度，与普通混凝土构件的要求不同，有自身特殊性。

处理措施

(1) 纵向受力钢筋在支座内的锚固长度 $l_{aF}=1.05l_a$，见图 6-1。

(2) 无抗震设防要求构件（楼板、非框架梁）中的受力钢筋应满足 l_{aF} 的要求。

(3) 当直线锚固长度不满足要求时，可采用弯折锚固，见图 6-2。

(4) 绑扎搭接连接的长度 $l_{lF}=\xi l_{aF}$，搭接长度的修正系数 ξ 应根据不同接头的百分率而确定。

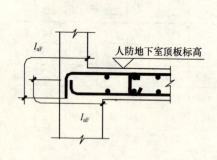

图 6-1 人防顶板钢筋锚固

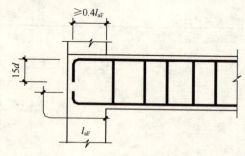

图 6-2 人防非框架梁钢筋锚固

6.3 混凝土构件中的纵向受力钢筋的配筋率应如何计算，构件中的一侧纵向钢筋的规定

混凝土构件中纵向受力钢筋的配筋率，在现行的《混凝土结构设计规范》GB 50010 中有规定的计算方法，其最小配筋的百分率是强制性条文。在国家标准设计 G101 系列图集中，某些标准构造详图需计算其配筋率后选用标准构造详图的做法，只有正确计算配筋率才能正确选用标准构造做法。

处理措施

（1）受压构件中的受压钢筋和一侧纵向钢筋的配筋百分率，其构件的截面面积应按全截面面积计算。

（2）轴心受拉构件和小偏心受拉构件一侧受拉钢筋的配筋百分率，其构件的截面面积应按全截面面积计算。见图 6-3。

（3）受弯构件、大偏心受拉构件一侧受拉钢筋的配筋百分率，其构件的截面面积应按全截面面积扣除受压翼缘面积 $(b'_f-b)\,h'_f$ 后的截面面积计算。见图 6-4。

（4）偏心受拉构件中的受压钢筋，应按受压构件一侧纵向钢筋考虑。

（5）当钢筋沿构件截面的周边布置时，"一侧纵向钢筋"系指沿受力方向两个对边中一边布置的钢筋计算。

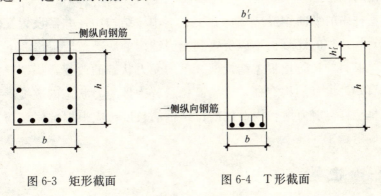

图 6-3　矩形截面　　　　图 6-4　T 形截面

6.4 在现浇混凝土结构中，砌体填充墙与主体结构拉结措施，构造柱纵向钢筋在主体结构内有何锚固处理措施

在现浇混凝土结构中，因建筑的功能需要会设置隔墙和围护墙，当这些墙体为砌体材料时，由于砌体有一定刚度，若与主体结构的拉结不合理，在地震时会因墙体对框架柱的约束而造成破坏，因此通常要求采用柔性连接，特别要避免因墙体未砌到上部结构的底面，而使框架柱形成了短柱，对抗震更为不利。因填充墙未砌筑到上部结构底部而使框架柱形成短柱或超短柱时，应按短柱或超短柱配置加密箍筋。

在框架结构中，当墙体的洞口宽度大于2m，并有抗震设防要求时，应在洞口两边设置构造柱，当内隔墙的长度大于层高的两倍时，也应设置构造柱。后砌筑的隔墙高度较高时，还应在墙体的半高处设置水平系梁，以保证墙体自身的稳定。构造柱与砌体填充墙应可靠拉结，不得采取先浇筑混凝土构造柱后砌筑墙体的做法。

现行的《建筑抗震设计规范》GB 50011已把框架结构围护墙的设置需要考虑对主体结构的不利影响，以及钢筋混凝土构造柱的施工应先砌墙后浇筑构造柱混凝土的规定列入强制性条文中，其目的是为了加强围护墙、隔墙的抗震安全性和加强对施工质量的监督、控制，提高在地震中对生命的保护及实现预期的抗震设防目标。

构造柱中的纵向钢筋应锚固在上、下主体结构中，并需设置箍筋构造加密区；构造柱的混凝土不应浇筑到上层结构的底部，应留出20mm左右的间隙，其目的是防止主体结构框架梁的受力状态的改变，特别要注意的是在悬臂端处设置的构造柱，更要避免悬臂构件受力状态的改变；墙体中设置与框架柱、剪力墙和构造柱的拉结钢筋长度，应根据抗震设防等级的不同来确定。

处理措施

（1）围护墙、隔墙与主体结构应采用柔性连接，砌体与框架柱和剪力墙

间预留10mm左右的空隙用嵌缝膏填缝。见图6-5。

(2) 构造柱中的纵向钢筋在上、下主体结构中的锚固长度应不少于500mm，箍筋在上、下各600mm范围内加密，其间距不大于100mm。见图6-6。

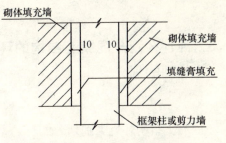

图6-5 填充墙与框架柱连接做法

(3) 填充墙的高度大于4m时，在墙体的半高处设置水平系梁，其钢筋应锚固在主体结构中。见图6-7。

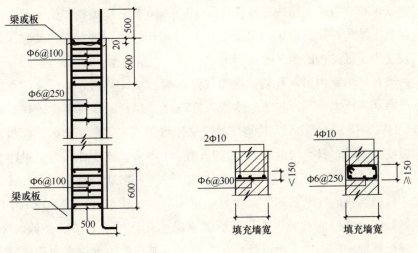

图6-6 构造柱做法　　　　图6-7 水平系梁做法

(4) 填充墙砌体应沿墙体全高按竖向间距500mm设置拉结钢筋，当6、7度抗震设防时，拉结钢筋的长度应为700mm和墙长度的1/5的较大值，8、9度时宜沿墙长设置。

(5) 构造柱与砌体墙的连接，应先砌墙预留马牙槎后浇筑构造柱混凝土，构造柱的上部应与主体结构留出20mm左右的缝隙。

(6) 无地下室的首层墙体构造柱，不必单独设置基础，构造柱伸至室外地面以下500mm或纵向钢筋锚固在室外地面以下的基础圈梁中。

6.5 为什么划分混凝土结构的环境类别，在工程中如何理解环境类别的划分

混凝土结构环境类别划分的目的是为了保证混凝土结构构件的可靠性和耐久性，在不同的环境下耐久性的基本要求也是不同的，构件中纵向受力钢筋的最小保护层厚度也不同。在施工图的设计文件均会对不同环境类别中的构件，提出耐久性的基本要求，对构件中纵向受力钢筋的最小保护层厚度也有规定。现行《混凝土结构设计规范》GB 50010 对环境类别作出了明确的规定，混凝土结构按照其规定的设计使用年限和环境类别进行设计和施工，其目的就是为保证结构的耐久性。

一类环境为室内正常环境，这比较好理解，二 a 与二 b 类环境的主要差别是严寒和非严寒、寒冷和非寒冷的温度环境。现行的《民用建筑热工设计规程》GB 50176 对严寒和寒冷地区的定义作出了规定：严寒地区系指最冷月平均温度≤10℃、日平均温度≤5℃的天数≥145 天；寒冷地区系指最冷月平均温度 0~10℃、日平均温度≤5℃的天数为 90~145 天；建筑工程设计和施工时，应根据各地气象站的气象参数确定所属的气候地区；三类环境中的使用除冰盐环境是指北方城市依靠喷洒盐水除冰化雪的立交桥及类似的环境。为了保护环境和生态的平衡，目前北方的很多城市已不允许采用喷洒盐水来除冰化雪了。海滨的室外环境是指在海水浪溅区之外，但是其前面没有建筑物遮挡的混凝土环境。

处理措施

(1) 在工程的设计和施工中，正确地理解和界定环境的类别，可以保证混凝土结构在设计使用年限范围内的耐久性，并且还可以节约建筑成本。

(2) 根据环境类别和设计使用年限的要求，设计施工均应满足混凝土结构耐久性的基本要求和构件中纵向受力钢筋最小保护层厚度的规定。

(3) 四、五类环境中的混凝土结构，其耐久性要求应符合有关标准的规定。见表 6-3。

混凝土结构的环境类别　　　　　　　　表 6-3

环境类别		条　件
一		室内正常环境
二	a	室内潮湿环境；非严寒地区和非寒冷地区的露天环境，与无侵蚀性的水或土壤直接接触的环境
	b	严寒地区和寒冷地区的露天环境，与无侵蚀性的水或土壤直接接触的环境
三		使用除冰盐的环境；严寒地区和寒冷地区冬季水位变动的环境；滨海室外环境
四		海水环境
五		受人为或自然的侵蚀性物质影响的环境

6.6 混凝土构件耐久性的基本要求有哪些，如何满足这些要求，耐久性要求的目的是什么

钢筋混凝土结构构件可靠性中，耐久性的基本要求是其中的一个方面，结构的可靠性是由结构的安全性、结构的适用性和结构的耐久性要求三者来保证的。现行《建筑结构可靠度设计统一标准》GB 50068 中规定，结构在规定的设计使用年限内，正常维护下应具有足够的耐久性能。所谓足够的耐久性能，系指结构在规定的工作环境中和规定的预期内，其材料性能的恶化不至于导致结构出现不可接受的失效率。从建筑工程的角度来讲，足够的耐久性能是指在正常维护条件下，结构能够正常使用到规定的设计使用年限。

现行的《混凝土结构设计规范》GB 50010 对结构在不同使用环境类别中，根据设计使用年限对其耐久性的基本要求作出了规定，设计和施工均应按照此规定执行，目前在结构工程验收时，对结构构件不仅仅是验收强度指标，耐久性验收也是其中的一项，但在工程中经常被忽略，导致部分结构构件达不到设计规定的要求。

处 理 措 施

（1）混凝土结构在设计和施工中，均要考虑结构构件耐久性的基本要求。

（2）当混凝土结构的设计使用年限为50年，环境类别为一～三类时，应遵照表6-4的要求。

（3）对于设计使用年限为100年或环境类别为四、五类时，应遵守国家相应的标准规定。

结构混凝土耐久性的基本要求　　　　　　　　　　表6-4

环境类别		最大水灰比	最小水泥用量（kg/m³）	最低混凝土强度等级	最大氯离子含量（％）	最大碱含量（kg/m³）
一		0.65	225	C20	1.0	不限制
二	a	0.60	250	C25	0.3	3.0
	b	0.55	275	C30	0.2	3.0
三		0.50	300	C30	0.1	3.0

注：1. 氯离子含量系指其占水泥用量的百分率；
2. 当混凝土中加入活性掺合料或能提高耐久性的添加剂时，可适当降低最小水泥用量；
3. 当使用非碱活性骨料时，对混凝土中的碱含量可不作限制；
4. 外加剂给混凝土带来的碱含量不能大于1.0kg。

6.7　混凝土结构构件中，纵向受力普通钢筋连接方式的规定及连接方式应采取的构造措施

在钢筋混凝土构件中，纵向受力普通钢筋连接方式一般可分为三种：绑扎搭接、机械连接和焊接。在工程中，目前在板类构件中的小直径钢筋通常采用绑扎搭接，而在柱、梁、混凝土剪力墙的边缘构件等构件中的大直径钢筋均采用机械连接或焊接。机械连接的技术已越来越成熟，并且国家有规程和标准的检验来保证，特别是钢筋的直螺纹连接技术在工程中使用的较为普遍。无论采用哪种连接方式，纵向受力钢筋的接头位置均宜设置在受力较小处，在同一根钢筋上宜少设置接头。在施工图设计文件中通常都会对有特殊要求的构件或部位，特别是有抗震设防要求的构件规定连接方式和接头百分率。对于非抗震设防的建筑结构及不需要考虑抗震设防的构件，其纵向钢筋的连接方式可采用常规的方式。

处理措施

1. 构件中纵向受力钢筋绑扎连接的要求

(1) 轴心受拉构件和偏心受拉构件中的纵向受拉钢筋,不得采用绑扎搭接连接。

(2) 受拉钢筋直径大于 28mm,受压钢筋直径大于 32mm,不宜采用绑扎搭接连接。

(3) 相邻的绑扎搭接接头宜错开,连接区段的长度系数为 1.3 倍的搭接长度。

(4) 同一连接区段搭接结头百分率:梁、板、墙类构件≤25%,柱类构件≤50%。

(5) 受压钢筋的搭接长度可为受拉钢筋搭接长度的 0.7 倍。

(6) 同一区段内搭接接头的百分率不同时,应考虑搭接长度的修正系数 ζ。

(7) 受疲劳荷载作用的构件中的纵向受力钢筋不得采用绑扎连接。

2. 构件中纵向受力钢筋机械连接的要求

(1) 接头宜相互错开,接头区域为 $35d$(d 为钢筋直径较大者)。

(2) 当接头在受力较大部位连接时,纵向受拉钢筋接头的百分率应≤50%,对受压钢筋不限制。

(3) 连接件的混凝土保护层厚度宜满足最小保护层厚度要求,连接件的横向净距不宜小于 25mm。

(4) 承受动力荷载构件中的纵向受力钢筋,接头百分率应≤50%。

3. 构件中纵向受力钢筋焊接连接的要求

(1) 接头宜相互错开,接头区域为 $35d$(d 为钢筋直径较大者),且不小于 500mm。

(2) 同一连接区段内纵向受拉钢筋接头的百分率应≤50%,对受压钢筋不限制。

(3) 受疲劳荷载作用的构件中纵向受力钢筋不宜采用焊接连接,严禁在受力钢筋上焊接附件。

6.8 在有抗震设防要求的结构中,对某些构件中纵向受力钢筋的强制性规定,以及其目的和作用

在有抗震设防要求的构件中,对纵向受力钢筋的要求可分为强制性要求和非强制性要求两种,对抗震等级为一、二级的框架梁、柱中纵向受力钢筋,《建筑抗震设计规范》GB 50011 有强制性的规定,并在该规范的 2008 年版中增加了对钢筋延伸率的要求。当采用普通钢筋时,钢筋抗拉强度实测值与屈服强度实测值的比值的限制,是为了保证当构件某个部位出现塑性铰后,塑性铰处有足够的转动能力与耗能能力,同时还规定了屈服强度实测值与标准值的比值限制,这些强制性规定是为了实现强柱弱梁、强剪弱弯所规定的内力调整的目的,并且保证结构在地震作用下有足够延性的要求。在结构的验收中,此项强制性要求是一项重要内容。对其他构件或其他结构形式中的纵向受力钢筋,可不用此项强制性规定来要求。

处理措施

抗震等级为一、二级的框架结构中的框架梁、框架柱中的纵向受力钢筋,当采用普通钢筋时应满足:

(1) 钢筋抗拉强度实测值与屈服强度实测值的比值不应小于 1.25。
(2) 钢筋屈服强度实测值与钢筋标准值的比值不应大于 1.30。
(3) 钢筋在最大拉力下总伸长率的实测值不应小于 9%。

6.9 在混凝土结构的构件中,纵向受力钢筋代换的规定,在同一构件中的纵向受力钢筋是否可以等级不同

在实际工程中由于材料的供应等原因,钢筋的代换是不可避免的,特别是纵向受力钢筋的代换。通常的代换形式为:直径的代换和强度等级不同的代换。无论采用哪种代换都要遵循钢筋代换后受拉设计承载力相等的原则,

即等强度代换,并不是用相同直径高强度钢筋代换低强度钢筋或大直径钢筋代换小直径钢筋结构就是安全可靠的。特别是在有抗震设防要求的建筑结构的框架梁、框架柱和剪力墙边缘构件等部位的纵向受力钢筋,当钢筋代换后的构件总承载力大于原设计值时,会造成薄弱部位的转移,对结构整体不一定是安全的。《建筑抗震设计规范》GB 50011 已将有抗震要求的构件中纵向受力钢筋的代换列入强制性条文中。

由于构件在受力时钢筋处于受拉或受压状态,在同一构件中采用不同强度等级的纵向受力钢筋是不安全的。特别是当构件处于极限状态时,由于钢筋的设计强度不同,部分低强度的钢筋首先达到设计强度,会造成构件未达到设计承载能力时就产生了破坏。

在施工图设计文件中应有关于钢筋代换的说明,施工中不可自行作出钢筋代换的决定,需要有原设计的结构工程师的书面确认文件。

处理措施

(1) 构件中纵向受力钢筋的代换应遵循承载力相等的原则,采用等强度代换。

(2) 构件中受力钢筋的代换,特别是在抗震结构中有抗震要求的构件,应有原设计的结构工程师书面认可。

(3) 在同一混凝土构件中的纵向受力钢筋,应采用同一强度等级的钢筋,钢筋的直径差不宜大于两级。

6.10 在混凝土构件中一般对受力钢筋的最小保护层厚度的规定,分布钢筋、构造钢筋和箍筋保护层的规定

受力钢筋最小保护层厚度的规定,是为了满足结构构件的耐久性和对受力钢筋有效锚固的要求。在施工中通常对构件中纵向受力钢筋的保护层厚度比较重视,而对分布钢筋和构造钢筋的保护层厚度会忽略。现行《混凝土结构设计规范》GB 50010 对分布钢筋和构造钢筋的保护层厚度也有明确的规定,在施工图设计文件中都应有明确的要求。

构造钢筋是指不考虑受力的架立钢筋、分布钢筋、拉结钢筋等。工程实践证明。为保证结构构件的耐久性，规定架立钢筋、分布钢筋保护层厚度是有必要的。因此在工程设计文件中除应对纵向受力钢筋的最小保护层厚度提出要求外，对分布钢筋及梁柱中的箍筋也应提出最小保护层厚度的要求，现行的《混凝土结构设计规范》GB 50010中也有明确的规定，施工时应遵照执行。施工中不但构件的受力钢筋要满足最小保护层厚度的要求，分布钢筋、构造钢筋、拉结钢筋等也需要满足设计的规定。

处 理 措 施

（1）混凝土构件中受力钢筋保护层最小厚度见表6-5。

（2）钢筋混凝土构件中板、墙、壳中的分布钢筋，其保护层厚度应不小于相应构件受力钢筋保护层厚度减10mm，且不应小于10mm。

（3）梁、柱中的箍筋和构造钢筋的保护层厚度不应小于15mm，其构造钢筋系指不考虑受力钢筋的架立钢筋、分布钢筋和拉结钢筋等。

受力钢筋混凝土保护层最小厚度（mm）　　　表6-5

环境类别		墙			梁			柱		
		≤C20	C25~C45	≥C50	≤C20	C25~C45	≥C50	≤C20	C25~C45	≥C50
一		20	15	15	30	25	25	30	30	30
二	a	—	20	20	—	30	30	—	30	30
	b	—	25	20	—	35	30	—	35	30
三		—	30	25	—	40	35	—	40	35

注：1. 钢筋保护层厚度系指钢筋外边缘至混凝土表面的厚度，除满足本表中的规定外，尚不应小于钢筋的公称直径；

2. 机械连接接头的连接件混凝土保护层最小厚度，应符合受力钢筋保护层最小厚度的要求，连接件间的净距不小于25mm；

3. 设计使用年限为100年的结构，在一类环境中，混凝土保护层最小厚度应按本表中规定增加40%。在二、三类环境中应采取专门的有效措施；

4. 三类环境的结构构件，其受力钢筋宜选用环氧树脂涂层的带肋钢筋。

6.11 在有抗震要求的现浇钢筋混凝土框架结构中，对框架梁、柱的纵向受力钢筋连接方式的要求及处理措施

有抗震设防要求的现浇钢筋混凝土框架，框架梁和框架柱中的纵向受力钢筋在有条件的情况下，采用机械连接比绑扎搭接连接和焊接连接的传力效果更好，在不宜采用绑扎搭接连接的部位应尽量采用机械连接和焊接，大直径的钢筋采用搭接连接比较浪费钢筋，且在搭接范围内箍筋还要加密处理，建筑成本也会增加，因此不宜采用绑扎搭接接头；轴心受拉构件及小偏心受拉构件（如桁架和拱的拉杆等）中的纵向受力钢筋不得采用绑扎搭接接头。

处 理 措 施

（1）框架柱：一、二级抗震等级及三级抗震等级的底层，宜采用机械连接，也可以采用绑扎搭接接头和焊接接头。三级抗震等级的其他部位和四级抗震等级，可采用绑扎搭接接头和焊接接头。

（2）框支梁和框支柱：宜采用机械连接接头。

（3）框架梁：一级抗震等级宜采用机械连接接头，二～四级抗震等级可采用绑扎搭接接头和焊接接头。

（4）经常承受反复动力荷载的梁，其纵向受力钢筋不应采用绑扎搭接接头，也不宜采用焊接接头。

（5）构件中纵向受力钢筋采用绑扎搭接时，抗震时为 l_{lE}，非抗震时为 l_l。见表 6-6。

（6）钢筋搭接长度应根据接头面积的百分率乘以长度修正系数 ζ。见表 6-7。

纵向受拉钢筋绑扎搭接长度 l_{lE}，l_l　　　　表 6-6

抗　震	非抗震	说　明
$l_{lE} = \zeta l_{aE}$	$l_l = \zeta l_a$	1. 不同直径钢筋搭接时，按较小直径计。 2. 任何情况下 l_l 不得小于 300mm

纵向受拉钢筋绑扎搭接长度修正系数 ζ   表 6-7

接头面积百分率（%）	≤25	50	100
ζ	1.2	1.4	1.6

6.12 在作明确规定的不允许钢筋连接区域内接长时，受力钢筋在有条件的情况下是否可以在此区域内连接，避开"受力较大的区域"的部位

在现浇混凝土构件中，因钢筋规格的限制及工程跨度的要求，纵向受力钢筋不可能避免有连接接头，通常小直径的钢筋均采用绑扎搭接连接，对于大直径钢筋有条件时应采用机械连接，目前机械连接在工程中已是常规做法了，并且连接质量也有保证。

未作不允许钢筋连接要求的区域内，原则上均可以连接，由于钢筋通过连接接头的传力性能总不如整根钢筋好，因此同一根钢筋在一个跨度内尽量少设接头，设置接头的位置应该选择在受力较小的部位。

处理措施

（1）在施工图设计文件和国家标准、规范规定的受力钢筋非连接区域内，一般尽量不采用钢筋连接接头。

（2）在受力钢筋非连接区域外连接时，纵向受力钢筋也应控制接头的百分率并保证接头的质量。

（3）构件受力较大区域，一般指框架梁柱节点区、梁下部的跨中区、梁上部的支座附近、梁内有较大集中力的位置、框支梁上部墙体有洞口的位置等。

6.13 混凝土结构中，在钢筋搭接连接的长度范围内是否均要求箍筋加密，机械连接和焊接是否也要求箍筋加密

现浇钢筋混凝土结构中对钢筋搭接长度范围内设置加密箍筋，是对梁、

柱纵向受力钢筋搭接长度范围内的要求，是为防止纵向受力钢筋连接失效的构造规定。对于非受力钢筋的搭接及受力钢筋与架立钢筋、梁内构造腰筋的搭接长度范围内不需要箍筋加密。对于焊接连接和机械连接的接头范围内也不需要箍筋加密的构造措施。

处理措施

（1）梁、柱纵向受力钢筋采用绑扎搭接时，在接头范围内应配置加密箍筋，箍筋的间距不大于 100mm。

（2）非受力钢筋的搭接、受力钢筋与架立钢筋搭接、梁侧面腰筋的搭接长度范围内无需配置加密箍筋。

（3）梁、柱中的纵向受力钢筋采用机械连接和焊接连接的接头范围内，不需要设置箍筋的加密构造措施。

（4）当受压钢筋的直径＞25mm 时，除按规定在搭接长度范围内设置加密箍筋外，还应在搭接接头的两个端面外 100mm 内各设置两个箍筋。

6.14 在有抗震设防要求的砌体结构中，楼梯间或门厅会设置长度较大的梁，这样的梁在砌体上的搁置长度的处理措施

由于采用"平法"绘制施工图给设计人员带来了很大的方便，因此在砌体结构中很多设计人员对钢筋混凝土构件也采用此种方法来表示，但是因没有标准构造节点的详图，使施工时很难确定像楼梯间或门厅大梁这样的构件在支座处的构造措施，在通常情况下，施工图设计文件应该注明或绘制详图节点，规定此处的做法。在地震区，门厅和楼梯间作为地震时的疏散通道，更应该保证该部位的安全，在大震时不倒塌。根据震害的调查表明，在地震作用的影响下，楼梯间受力比较复杂，因没有严格地按规范要求设计和施工，使楼梯间的破坏非常严重。因此需要提高砌体楼梯间的构造措施，特别是当大梁的支座墙体是阳角时更为不安全，此处的大梁在砌体支座处应有足够的支承长度和可靠的构造措施。

原《建筑抗震设计规范》GB 50011—2001 仅对 8 度和 9 度时楼梯间和门

厅阳角大梁的支承长度和连接作出了非强制性的规定。2008年版的《建筑抗震设计规范》GB 50011已把此条作为新增强制性条文加以规定，不仅是在8度和9度区，所有的地震区都应按此规定执行。

处理措施

(1) 楼梯间及门厅内墙阳角的大梁在支座上的支承长度不应小于500mm。
(2) 此处的大梁应与圈梁可靠地连接。

6.15 框架柱中螺旋复合箍筋的构造处理措施

在有抗震设防要求的框架柱中，箍筋均要求采用复合箍筋，复合箍筋的内箍在地震作用下既可以增加受剪承载力，也能约束混凝土，使柱中的混凝土在地震力的反复循环作用下不会产生剪切滑移，改善变形的效果及提高耗能能力。普通复合箍筋是由矩形、多边形或拉结钢筋组成的。普通复合箍筋在竖向是不连续的，且需要在每圈端部设置锚固弯钩，而螺旋复合箍筋是由一根钢筋加工成型的，每圈的端部不需要设置锚固弯钩，也节约钢材。从抗震设防的角度看，复合螺旋箍筋也比普通复合箍筋的优点多。普通复合箍筋虽然在末端设置了锚固弯钩，但在强震的作用下，通常因柱变形较大，使柱混凝土产生破坏，导致复合箍筋的末端锚固弯钩崩开，失去对混凝土的约束作用，使柱的承载能力降低，最后导致建筑的严重破坏或倒塌。

复合螺旋箍筋因在竖向是连续的且无末端锚固弯钩，在强震时末端不存在崩开的问题，可以大大提高对柱混凝土的约束作用，使柱的承载能力不下降或下降较少，可以避免房屋在强震时的倒塌破坏。特别是在特殊的竖向构件（如框支柱、短柱、超短柱等）中使用复合螺旋箍筋抗震效果更加明显。框架柱是房屋的主要竖向承重受力构件，在地震作用下特别是在大震时不发生严重的破坏和倒塌，可有效地保证人的生命和财产不受损失或少受损失，因此在抗震结构的框架柱中采用螺旋复合箍筋的意义重大。

螺旋复合箍筋可采用手工制作和机械制作。手工制作时可将内箍与外箍分别加工，在现场安装时组合成整体。机械制作时可以一次成型，我国已经有这样的加工设备,并在很多工程中使用,收到了良好的效益。

从施工的角度看,复合螺旋箍筋比普通复合箍筋施工更方便,复合螺旋箍筋可以在工厂中生产,到现场组装成整体。特别是在框架梁、柱的节点核心区施工更是方便,可以解决在节点区箍筋绑扎困难及不满足设计要求的问题。通过试验、震害调查和实际工程中的应用,螺旋复合箍筋有抗震性能好、方便施工、节约钢材及安全性能好等优点。因此在有条件的情况下,抗震地区的柱应尽量采用螺旋复合箍筋。

处 理 措 施

(1) 螺旋复合箍筋的外环间距不应小于 60mm。

(2) 连续箍筋的末端应有两圈为重叠,末端也应设置 135°弯钩或不小于 $12d$ 的直线段。

(3) 两段螺旋箍筋相连时,应在斜肢处相连。两段箍筋的 135°弯钩应在柱同一纵向钢筋处,且应可靠绑扎。

(4) 当箍筋的竖向间距较小时,混凝土中的粗骨料直径不宜过大。

(5) 螺旋复合箍筋的肢距不满足设计要求或内箍加工不能满足最小肢距时,可采用拉结钢筋代替部分箍筋。

参 考 文 献

[1] 混凝土结构设计规范（GB 50010—2002）. 北京：中国建筑工业出版社，2002.

[2] 建筑抗震设计规范（GB 50011—2001）（2008年版）. 北京：中国建筑工业出版社，2008.

[3] 高层建筑混凝土结构技术规程（JGJ 3—2002）. 北京：中国建筑工业出版社，2002.

[4] 建筑桩基技术规范（JGJ 94—2008）. 北京：中国建筑工业出版社，2008.

[5] 建筑地基基础设计规范（GB 50007—2002）. 北京：中国建筑工业出版社，2002.

[6] 砌体结构设计规范（GB 50003—2002）. 北京：中国建筑工业出版社，2002.

[7] 中国有色工程设计研究总院. 混凝土结构构造手册（第三版）. 北京：中国建筑工业出版社，2003.

[8] 混凝土异形柱结构技术规程（JGJ 149—2006）. 北京：中国建筑工业出版社，2006.